我的"中国芯"

会说话的芯片

刘征宇 著　葛大芃 绘

U0384511

APETIME 时代出版传媒股份有限公司
安徽少年儿童出版社

图书在版编目（CIP）数据

我的"中国芯".会说话的芯片 / 刘征宇著；葛大
芃绘.—合肥：安徽少年儿童出版社，2022.5（2025.2重印）
ISBN 978-7-5707-1452-0

Ⅰ.①我… Ⅱ.①刘… ②葛… Ⅲ.①芯片－青少年
读物 Ⅳ.①TN43-49

中国版本图书馆CIP数据核字（2022）第055524号

WO DE ZHONGGUO XIN HUI SHUOHUA DE XINPIAN
我的"中国芯"·会说话的芯片

刘征宇　著
葛大芃　绘

出 版 人：李玲玲　　策划编辑：邵雅芸　丁 倩　　责任编辑：丁 倩　邵雅芸
责任校对：江 伟　　责任印制：朱一之
出版发行：安徽少年儿童出版社　　E-mail:ahse1984@163.com
　　　　　新浪官方微博：http://weibo.com/ahsecbs
　　　　　（安徽省合肥市翡翠路1118号出版传媒广场　　邮政编码：230071）
　　　　　出版部电话：（0551）63533536（办公室）　63533533（传真）
　　　　　（如发现印装质量问题，影响阅读，请与本社出版部联系调换）
印　　制：合肥华云印务有限责任公司
开　　本：710 mm×1000 mm　　1/16　　印张：10.5　　　　字数：110千字
版　　次：2022年5月第1版　　2025年2月第7次印刷

ISBN 978-7-5707-1452-0　　　　　　　　　　　　　　　　定价：35.00元

目录

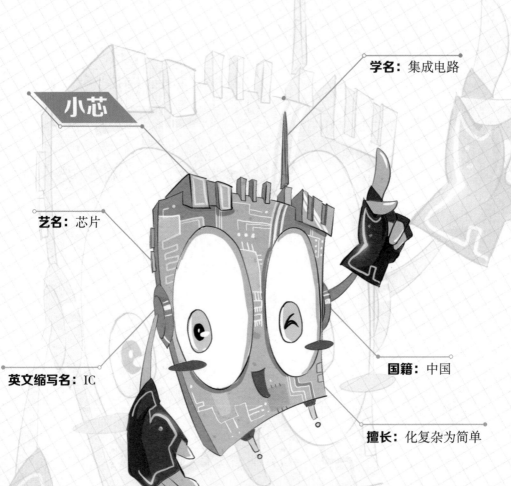

小芯

学名：集成电路

艺名：芯片

英文缩写名：IC

国籍：中国

擅长：化复杂为简单

家族谱：芯片家族的"华"字辈，"中华有为"系列芯片第 233 代孙

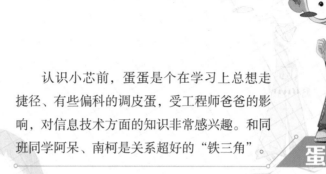

认识小芯前，蛋蛋是个在学习上总想走捷径、有些偏科的调皮蛋，受工程师爸爸的影响，对信息技术方面的知识非常感兴趣。和同班同学阿呆、南柯是关系超好的"铁三角"。

蛋蛋

阿呆

蛋蛋的同班同学、"铁三角"中的"小气鬼"，对经济问题有自己独到的见解，爱发呆，爱幻想，经常提出一些天马行空、让人哭笑不得的问题。

蛋蛋的同班同学、"铁三角"之一，是个德、智、体、美、劳全面发展的学生，喜欢动漫人物柯南，爱思考，善观察。

南柯

第一章
芯片会说话?

芯片是什么东西?它对人类的生活有多重要?我是"中国芯",让我来告诉你吧……

　　蛋蛋的爸爸是一位勤奋的工程师，每天下班回家后，也会经常做实验、搞科研，所以家里专门腾出了一个房间作为他的家庭实验室。实验室里井然有序地排列着各种电子仪器，靠墙的位置还有一排大书架，上面排满了各类书籍，上到天文、下到地理，无所不包。

　　这天，放学回家的蛋蛋经过实验室时，听到一个声音在呼唤他，可这时爸爸妈妈还没有下班呢！

　　"是谁在叫我？"蛋蛋小心翼翼地把头探进房间瞧了瞧，"没有人啊！不会吧，这大白天的……"

　　蛋蛋还在疑惑之中，这个声音又出现了："蛋蛋，蛋蛋。"

　　蛋蛋走进房间东瞧瞧、西看看，一个人都没有，于是他壮着胆子问："谁在说话？"

　　"我是小芯，我在这儿。"

　　循着声音，蛋蛋注意到一个盒子。这是一个装有许多芯片的塑料盒子。蛋蛋打开盒子一看，吓了一跳——在众多芯片中有一块蓝色的芯片正散发着淡淡的光晕，摆动着"短脚"和自己打招呼："你好！我叫小芯，是一块智能芯片。"

看着眼前发生的一切，蛋蛋震惊得说不出话来。会说话的芯片？！这也太神奇了吧！蛋蛋按捺住害怕又激动的心情，磕磕巴巴地回应："你……你好，我是蛋蛋。你真的是芯片？你怎么能说话？你从哪儿来？你是怎么来的……"

小芯打断了蛋蛋无休止的提问："你怎么有这么多问题？"

"因为这太不可思议了！还有，我实在是太好奇了。"

"我是来自未来、具有自我意识的'智慧芯'。"

"哇！好酷啊！那你为什么会出现在我家？"

"为了助力中华。"

"助力中华？什么意思？"

"我们'中华有为'系列芯片是一个大家族。在未来的各行各业中都有我的兄弟姐妹在助力中华，我只是其中一分子。我们知道 21 世纪的中华民族要实现伟大复兴的中国梦，要实现'两个一百年'的奋斗目标，所以我们就来了！"

"哈哈，那你应该直接去找科学家呀，你到我家应该没什么力可助。"

"此言差矣！少年强则国强。你知道'两个一百年'的奋斗目标中很重要的一部分是什么吗？是人才！人才是怎么来的？要靠教育。百年大计，教育为本。小芯我以教育祖国下一代、开拓青少年视野为己任，而你，就是我此行任务中的重点教育

对象。"

　　"那以后你真的就留在我身边了？"蛋蛋露出了意味深长的笑容。

　　小芯瞥了蛋蛋一眼，说："是的，但是我有两个条件。第一，关于我的存在，仅你们'铁三角'可以知道。"

　　"啊？你连我们'铁三角'都知道！没问题，高手一般都藏在民间。还有呢？"

　　"第二，我只帮你解答课外疑问。虽然我能轻松解决很多问题，但是学习是你自己的事情，要靠你自己努力！"

　　蛋蛋说："好吧！刚刚我还暗自高兴来着……但你说得没错，学习不能投机取巧。虽然我有点偏科，但我会自己努力的。"

　　小芯赞赏地看着蛋蛋，心想自己果然没选错人。

　　蛋蛋思考了一下，问："小芯，我经常听我爸说芯片很重要，但芯片到底是什么呀？"

　　小芯微微思考了一会儿，问："还记得你下午上的《科学》课中那个《点亮小灯泡》的小实验吗？"

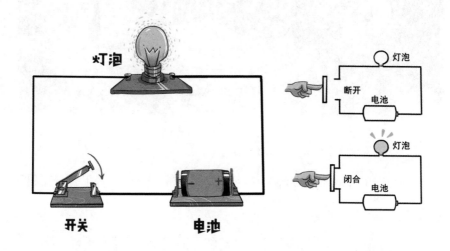

　　"你连我上的课都知道？"

　　"别忘了，我可是无所不知的'智慧芯'！"小芯摆动着短脚，不紧不慢地解释起来，"这个实验所需的材料有灯泡、电池、开关和一些导线。当手指抬起时开关断开，电流无法通过灯泡，灯泡就不会亮；当手指按下时开关闭合，电流就可以通过灯泡，灯泡就会亮起来。

　　"如果，我们把开关和导线集成到一块叫作晶圆片的电路板上，留出外接灯泡和电池的端子，把开关换成晶体管、手指换成控制电压，那这块小的电路板就是最简单的芯片了。"

"这就是最简单的芯片？那晶圆片又是什么？"

面对蛋蛋一连串的提问，小芯正要回答，突然传来了开门声——蛋蛋爸下班回来了！小芯迅速向蛋蛋告别，跳回元器件盒内，隐藏在一堆芯片之中。

夜晚，蛋蛋躺在床上翻来覆去地睡不着。好奇心作祟的蛋蛋蹑手蹑脚地走进实验室，轻轻地呼唤："小芯，小芯。"

吱的一声，元器件盒居然自己打开了，泛着微光的小芯向蛋蛋挥手："这么晚了你还不睡啊？明天还要上学呢！"

"今天交到你这个朋友让我有点兴奋！"

"哈哈，我能理解你此刻的激动之情，毕竟我小芯是如此足智多谋、人见人爱……"

蛋蛋捂着嘴偷偷地笑："好了好了，既然你这么有魅力，那就快说说你的传奇经历吧！"

小芯清了清嗓子，说："虽然我的个头非常小，但是人们都称我为'国之重器'。能得到这个名分我很自豪，因为我是'中国芯'！"

蛋蛋追问："芯片也有国籍吗？"

小芯说："当然呀！是中国的工程师创造了我，我是'中华有为'系列芯片第 233 代孙，所以我是'中国芯'！还有许多芯片是由外国制造生产的，可以称为'外国芯'。"

蛋蛋想了想，问："但据我所知，制造芯片很困难，我们为何不能一直靠购买别人的芯片来解决需求？"

小芯笑了笑，说："问得好。这么跟你解释吧，你知道NBA（美国男子职业篮球联赛）吗？NBA是以俱乐部为单位进行比赛的，俱乐部中可以有各个国籍的队员，他们在场上并肩作战，相得益彰。但是到了奥运会这种以国家为单位的国际性大赛时，外籍球员就不能再代表其他国家出征了。所以我们想要在比赛中拔得头筹，就只能提升自身的技能，增强本国运动员的综合实力。"

蛋蛋说："我懂了，平时是兄弟，比赛时可能就是'凶'弟。"

小芯接着说："回归到芯片上来！超级大国总是在给我们洗脑——'我这里的芯片应有尽有，你需要什么功能的芯片，我就卖给你什么芯片。'殊不知，购买芯片是要花大价钱的，

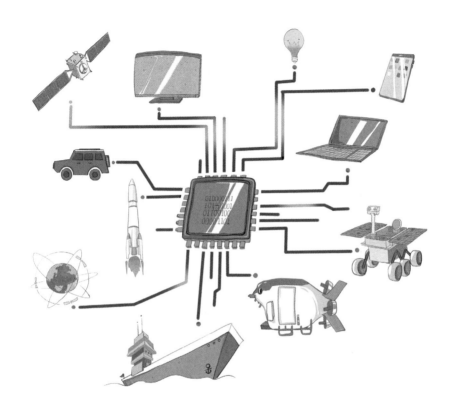

而且万一哪天对方不再向我们提供芯片，身处科技强国的我们就会陷入人为刀俎、我为鱼肉的境地，所以……"

"所以，"蛋蛋马上接上小芯的话，"我们要有属于自己的'中国芯'，把发展科技的主动权掌握在自己手中！"

小芯赞赏地说："没错！在生活中，小到 LED 灯、手机，大到自动驾驶汽车、高铁，都有我们的身影。我们'中国芯'家族还在长征系列运载火箭、神舟系列飞船、北斗导航卫星、蛟龙号载人潜水器以及玉兔号月球车等国之重器的研发和生产中发挥了作用。"

蛋蛋惊叹地说："哇，你们这么厉害啊！"

"但是，"小芯顿了顿，说，"很多年前，大家还没意识到芯片的重要性，那时人们选择了一条便利的通道——购进大量外国研发的芯片……"

蛋蛋看着小芯落寞的神色，正想开口安慰，小芯却又突然神采奕奕："实现核心技术突破，必须走自主创新之路。芯片就是核心中的核心，是现代信息社会的重中之重。

"你知道什么是'两会'吗？两会就是全国人民代表大会和中国人民政治协商会议的合称。连续几届的'两会'上，《政府工作报告》都把我摆到国家战略的重要位置。你知道什么是《中国制造2025》吗？《中国制造2025》制定了国家未来重点发展方向，它也把我们芯片摆到了新一代信息技术产业的首位。我感到光荣和自豪，同时也感到'芯'里有压力。"

蛋蛋说："我听得都热血沸腾了，真想把自己也变成芯片，为祖国的发展贡献力量。可如果我变成芯片，又能干什么呢？"

小芯告诉蛋蛋："能干的可多啦！芯片就像你们人类一样，不同的人做着不同的工作。比如有的人是送外卖的小哥，有的人是通信公司的技术员，有的人是仓库的管理员，当然，还有的人是管理各项事务的领导……在芯片的世界里也有各种各样

的分工，有的芯片负责提供能源，如电源芯片；有的芯片负责通信，如手机里的芯片；有的芯片负责存储信息，如 U 盘中的芯片；当然啦，还有一些芯片像领导者一样统领全局，如电脑里的 CPU 芯片；等等。"

蛋蛋问："你的兄弟姐妹有这么多，它们都和你长得一样吗？"

小芯神秘地说："哈哈，想知道我们的样子？没问题！不过现在已经很晚了，快去睡觉，以后我会告诉你的！"

蛋蛋这时才发现天色已晚，赶紧溜回床上，迷迷糊糊地入睡了。

第二章
庐山真面目

　　芯片有的长，有的方；有的像蜈蚣一样长了许多脚，有的把脚藏在身子下面。芯片内部层层叠叠、纵横交错，仿佛是一座城市。

第二天课间操时，蛋蛋神秘兮兮地对好朋友阿呆和南柯说："我有一个秘密，放学后告诉你们。"

阿呆问："是游戏通关秘诀吧？"

南柯在一旁猜道："难道是发现什么藏宝图了？"

"都不是，等放学后到了秘密基地再说。"

放学后，三个小伙伴来到公园深处的一座僻静凉亭。这就是他们的秘密基地，是"铁三角"商讨大事时经常光顾的地方。

三人刚坐下，蛋蛋的书包里就传出小芯的声音："阿呆、南柯，你们好！"

阿呆和南柯大吃一惊，好奇声音是从哪里发出来的。

蛋蛋笑眯眯地打开书包，把小芯捧在手心，得意地说："这是我的好朋友——小芯。"

"好朋友？芯片？"南柯惊讶地问。

"会说话的芯片？"阿呆也很好奇。

这芯片看起来薄薄的，还有一些短脚在外面，其中两只短脚不停地摆动着，仿佛在和新的小伙伴打招呼。

蛋蛋自豪地说道："小芯是有自我意识的'智慧芯'，它来自未来。"

一时间，南柯和阿呆不知道说什么来表达此时的震惊之情，这种天方夜谭的事情竟然让自己碰到了。

"咦，那你怎么知道我和南柯的名字？"过了一会儿，平时看着呆头呆脑的阿呆问出了一个很关键的问题。

而心思缜密的南柯此时仿佛化身成名侦探柯南，她单手摸着下巴冷静地说道："别说话，真相只有一个，让我来猜猜看——你作为来自未来的'智慧芯'，想要知道我们的名字应该挺简单的，但你既然选择在我们面前暴露自己的身份，肯定有其他目的，而且你除了会说话，应该还有不可捉摸的超能力！来吧，坦白从宽。"

看着故作老成的南柯，小芯哈哈大笑起来，然后把此行"以教育祖国下一代、开拓青少年视野为己任"的目的告诉了两人，又当面展示了一些炫酷的技能，把三个少年看得一愣一愣的。

"那这么说，你们是同意小芯加入我们'铁三角'了？"蛋蛋明知故问。

"那当然，恭喜'铁三角'又成功纳入一员实力大将！"南柯和阿呆开心地说。

"谢谢你们接受我。"小芯也很高兴，"同样的，作为朋友，你们也要遵守约定。一是不要随便告诉别人我的存在；

二是我只能帮你们解答课外问题，课内的学习及作业要靠你们自己！"

"没问题，我们同意！老师一直教导我们，学习是自己的事情，要靠自己的努力取得进步，我们明白你的良苦用心。"南柯微微点头说。

阿呆也在旁边一个劲儿地点头。

余晖穿过树梢落在少年们的脸上，小芯看着面前三个单纯又认真的少年，心中无限感慨——他们是千千万万孩子的缩影，代表着未来和希望；将来的某一天，说不定他们中的某些人就能成为推动国家科技发展的领军人物。小芯感觉到了肩上沉甸甸的担子，但也更加坚定了完成此次任务的信念。

"小芯，你昨天不是说有时间会跟我介绍一下芯片长啥样吗？"蛋蛋问。

蛋蛋的声音把小芯从神游中拉回现实，小芯连忙回答："那好，我就先说说我们芯片都长啥样——不胖不瘦，一个字'帅'！我们芯片虽然很小，可以小到绿豆甚至米粒那么大，却能容纳成千上万甚至上亿个晶体管，不同芯片的用途也大不相同。"

小芯在蛋蛋的电话手表上捣鼓了几下，一块虚拟的屏幕便出现在手表的上方。屏幕中一下出现了好多图片，小芯指着图片接着说："你们看，芯片的形状各式各样——有正方形的，有长方形的；有的芯片像蜈蚣一样长了许多脚，有的把脚藏在身体下面。这些脚是芯片的引脚，芯片的内核装在那些各式各样的壳子里，引脚就是芯片内核连接外界的通道。"

南柯追问道："那壳子里的芯片内核是什么样的？"

小芯："电话手表中就有芯片在工作。你们闭上眼睛，我带你们去手表芯片内部瞧瞧。"

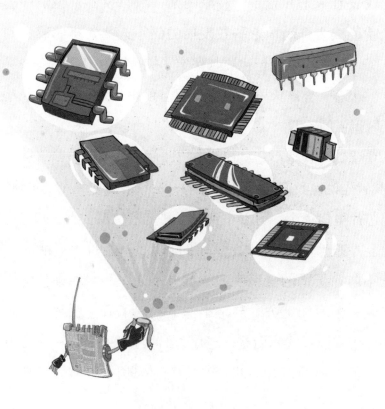

三个少年把眼睛闭上，一阵天旋地转，再睁开眼时，他们看到了一座金碧辉煌的宫殿。

"这座建筑好像布达拉宫啊！"这是经常随父母旅行的南柯见到宫殿后的第一反应，"但又不完全是，它比布达拉宫要复杂、精致。"

"像科幻小说里的未来世界。"科幻迷蛋蛋惊喜地叫道。

胆小的阿呆此时只有一个念头——回家。

"欢迎来到神奇的芯片国度，请跟紧我进行参观，千万别掉队咯！"小芯有模有样地当起了临时导游，"如果你打开壳子裸眼看的话，除了一块光秃秃的板，好像什么也没有；但是在电子显微镜下就可以看到不一样的世界。在光照下，材料层经过折射、反射，呈现出蓝、橙、紫色的微光，看上去很美。正是这些材料构成了迷宫般纤细密集的电路。一块芯片如此之小，却有数千米长的导线和成千上万个晶体管。芯片的世界可谓是寸土寸金。"

蛋蛋说："寸土寸金常用来形容土地资源十分昂贵。现在哪座大城市不是寸土寸金呀！"

小芯说："还别说，芯片内部特别像一座城市，虽拥挤但有序，有不同的职能部门保证它正常运行，让我们来欣赏一下吧。"

说着，小芯短脚一伸，一块虚拟屏幕出现在大家眼前："这两张图是不是看着很相似？一张是某座城市的卫星图片，一张是芯片内部的图片。芯片中那些五颜六色的小方块就是不同功能的部门，一些横竖线就是连接部门的'街道'。

　　"像你们人类的城市一样，每座城市都由市政府来统领全局；芯片上的 CPU 就相当于市政府的角色，负责芯片内部信号的运算、分析、处理等工作。刨开城市的路面，就能看到一个管道的世界，管道里输送着水呀，燃气呀；我们芯片也是立体的，假如你剖开我的身体，就能看到多层纵横复杂的金属连线，像不像人类的高速公路系统？而这些连线里输送的是电子流，简称电流。

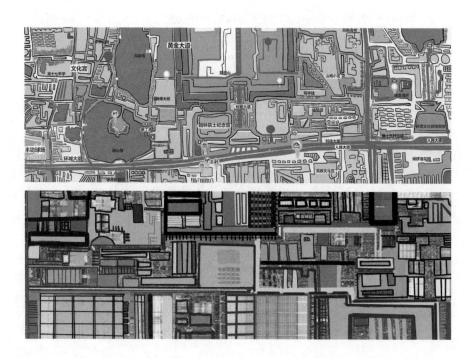

　　"像你们人类的物流仓库可以保管、存储货物一样，芯片里的存储器就相当于物流仓库，以 0 和 1 的形式存储信息。如同你们人类的军队，负责保家卫国、防止敌人入侵一样，芯片的对外连接处，通常也设置有防止'外敌'入侵的'哨兵'，来抑制电磁干扰、强电干扰和静电等，否则这些外敌引起的强电压会击毁芯片的内部电路。

　　"你们人类为了统一时间，按经线把地球表面平分成 24 个时区，相邻时区的时间差 1 个小时。我们中国国土辽阔，横跨了 5 个时区，为了方便人民生活，人们以首都北京所在的东八区的区时作为全国的标准时间，称为北京时间。我们芯片内

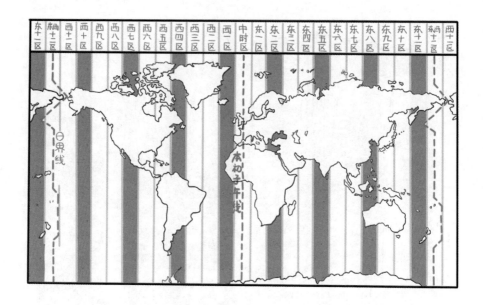

部各部分的工作节奏也不尽相同。芯片中的时钟源就相当于北京时间，芯片内部各部分的工作时间都要依此进行。像你们人类盖房子需要砖头一样，晶体管就是构成芯片的砖头；像你们人类城市有与外地连通的出入路口一样，芯片是通过引脚与外面的世界连接的。当然啦，如同你们人类有生老病死一样，我们芯片也要更新换代。"

小芯带着三个少年在神奇的芯片国度游历，忽然，"芯片世界"猛烈地震动起来，像发生地震一样。

"小芯！怎么回事啊？"蛋蛋惊恐地问道。

"莫慌，"小芯回应，"各位闭上眼睛，准备返航！"

三个少年赶紧闭上眼睛，嗖的一下，又是一阵天旋地转，再睁眼时，他们已经回到现实世界中了。

南柯使劲跺了一下地面，说："是真的地球！"

蛋蛋掐了一下阿呆的脸蛋，傻乎乎地说："啊，是真的阿呆！"

这时再看看蛋蛋的那只电话手表，原来是妈妈来电话了。上课时，蛋蛋把它设置成震动模式，所以来电时震个不停。

"几点钟了？你到哪里去了？接电话那么慢，赶紧回家！"在蛋蛋妈一连串的咆哮声中，三个少年慌忙向着各自的家飞奔而去。

第三章
被芯片包围啦！

　　现代生活离不开芯片，芯片的身影在我们日常生活中处处可见。不信你就找找看，你的口袋里可能就有芯片。

第二天，蛋蛋、阿呆和南柯恰好在上学路上遇到，三人你一言我一语地聊着昨天的经历。

阿呆手舞足蹈地说："昨天的事情太神奇了，好像在做梦！"

南柯也激动地说："我咋晚差点失眠，一直在回味。"

"这只是我超能力的冰山一角，还有更多惊喜等着你们呢！"小芯的声音从蛋蛋的书包里传来。

"真的吗？小芯，你说你们家族很强大，那你们到底有多厉害呢？"南柯说。

阿呆跟着起哄："光说不练假把式！"

蛋蛋倒是十分相信小芯："小芯，快跟我们讲讲！"

看着这几个兴奋的少年，小芯有些无奈地说："好吧，今天我就带你们瞧瞧芯片的厉害。蛋蛋，我问你啊，今天早晨是谁叫你起床的？"

"别提了，是床头那只讨厌的电子钟，放着千篇一律的音乐，扰我美梦。"

小芯说："那只电子钟里有定时器芯片和音乐芯片，在它们的指挥下，到了设定的时间，音乐就响起来了。"

南柯说："蛋蛋，你应该把优美的音乐换成你老妈的吼声。"

"去去去，别拿我开玩笑。小芯，你接着说。"蛋蛋说。

小芯问："起床后你干什么呢？"

"吃早饭呀，妈妈会给我打豆浆喝。"

南柯又调侃道："饭来张口，你好意思吗？"

阿呆得意地说："我妈妈会从冰箱拿出鸡蛋煮给我吃，妈妈说吃鸡蛋补脑。"

南柯说："我爷爷喜欢边吃早饭边看电视新闻。"

小芯告诉他们："你们刚提到的都和芯片有关！豆浆机内部有被称为单片机的单片微控制器，它能控制豆浆机的转速、工作时间和加热温度；冰箱内部有温度控制芯片，它能根据设定的温度和环境温度，自动调节电冰箱冷冻室和冷藏室的温度；电视机内部有音视频处理芯片，这些芯片能把电视台发送过来的电信号转换成声音和图像。"

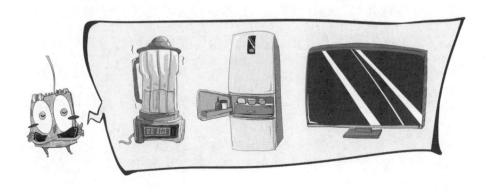

　　蛋蛋叫起来："天哪，早晨还没出门就被芯片包围了，原来我们一直生活在芯片的世界中啊！"

　　"不识庐山真面目，只缘身在此山中。"南柯摇头晃脑地说。

　　阿呆突然冒了一句："我知道，写这句诗的人与东坡肉有关。"

　　大家都看了看阿呆，没想到阿呆真会联想。

　　小芯笑了笑，接着问："吃完早饭该出门了吧？"

　　蛋蛋回答："嗯，乘电梯下楼。"

　　小芯说："当你按下按钮那一刻，电梯内部被称为 PLC 的芯片就开始为你服务了。"

　　大家异口同声地问："什么是 PLC ？"

　　小芯说："就是一种电子控制系统，你们只要知道电梯里也有芯片就好啦。"

　　阿呆说："出了小区就要乘公交上学了。"

　　"上公交车需要刷公交卡吧？"小芯接着说道，"公交卡内部有被称为射频卡的 RFID 芯片。"

　　"这又是什么？"蛋蛋问。

　　"这是一种具有自动识别功能的芯片，能够识别卡的主人是谁，卡里还剩多少钱，还能自动扣除本次乘车的钱。采用这类芯片的卡片还有很多，比如身份证、学生卡……看到路上的交通信号灯了吗？信号灯自动切换不同颜色，也需要芯片控制。"

南柯说："还有一些人乘车是用手机支付的。"

小芯得意地说："没错，手机内部芯片的花样就更多了。"

南柯颇为老成地说道："手机支付的普及让小偷都快'失业'了。"

小芯说："小偷？你们看看头顶上让小偷害怕的监控探头，那里面就有视频处理芯片。"

不知不觉中，三个小伙伴走到了校门口。这天在学校里，

加速度传感器
方向感应芯片

蓝牙、wifi芯片

摄像头模组芯片

射频信号
处理芯片

数字模拟转换

基带信号处理芯片

内部存储器芯片

电源管理芯片

中央处理器CPU

他们时常讨论身边的芯片：上课时用的投影仪、电脑、扩音器等，连上下课的铃声背后都有芯片在辛勤地工作……

放学回到家，蛋蛋用平板电脑上的搜题软件搜索数学作业题。这时，书包里传出小芯的声音："自己动手解题！"

蛋蛋说："我是自己解题呀！"

"可你明明在用搜题软件！"

"但我没有直接看答案啊！我在看解题步骤和分析，况且我是在自己动手解题后才看的！"

"难怪你的数学成绩这么好，正确利用搜题软件能让它成为学习的好帮手！如果利用搜题软件偷懒或走捷径，则会害了自己。"

"那当然，现在用平板电脑搜题真是太方便了，还可以随身携带。"

"你知道吗？很早以前的电脑是巨大无比的，能有一个房间那么大！"

"啊？这么大呀！"蛋蛋惊叹道。

小芯说："你想知道关于那台电脑的故事吗？做完作业我就告诉你！"

蛋蛋对小芯佩服得五体投地，为了听故事，他不一会儿就把作业做完了。

"小芯，你快来给我讲故事！"蛋蛋兴奋地说。

　　小芯清了清嗓子，开始娓娓道来："这台电脑的名字叫埃尼阿克（ENIAC），是世界上第一台通用电子计算机，诞生于1946年2月14日，占地170平方米。它的体内拥有近18000个电子管、70000个电阻、10000个电容器、1500个继电器和6000多个开关，重达30吨，相当于6头大象的体重。它具有每秒执行5000次加法或400次乘法的计算能力，尽管它的计算能力还不如你们现在用的一些高级计算器，但这在当时也是一项了不起的研究成果，是人工计算速度的20万倍。"

　　蛋蛋问："那这个庞然大物使用起来一定很不方便吧！"

工作中的埃尼阿克

小芯说："是的，不仅如此，它的耗电量惊人，耗电功率约 174 千瓦（相当于 1740 只 100 瓦灯泡同时工作一小时的耗电总量）。当埃尼阿克开机工作时，全城的人都知道，因为家家户户的电灯都会变暗。耗电产生的高热量使电子管很容易损坏，只要有一个电子管坏了，机器就不能运转。科学家要从那么多的电子管中找出损坏的替换，非常麻烦。"

蛋蛋感叹道："科学家真伟大！那他们是如何把这个大家伙变成现在的电脑的呢？难道是芯片的功劳？"

小芯骄傲地说："正是！随着科技的进步，计算机经历了第一代电子管计算机、第二代晶体管计算机、第三代集成电路计算机和现在的第四代大规模集成电路计算机四个阶段，这才有了你手上的平板电脑。那你知道为什么小小的平板电脑却比占了一个房间的埃尼阿克更强吗？"

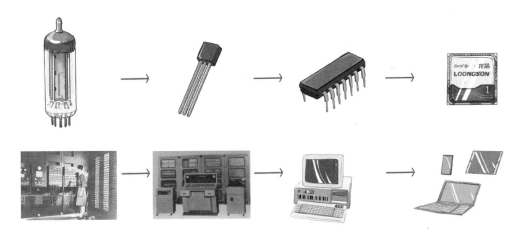

蛋蛋思索了一下说："我想是因为现在的芯片可以容纳更多的晶体管。"

小芯称赞道："说得好！现在的芯片内部可以放置几亿甚至几十亿个晶体管。你想想看，几十亿个晶体管一起工作当然要比埃尼阿克的 18000 个电子管厉害多了。人多力量大嘛！你看，2005 年 128 MB 的存储卡与 2014 年 128 GB 的存储卡，它们看上去大小一样，可是存储量相差了 1000 倍！"

忽然，门外的声音打断了小芯与蛋蛋的交谈。

"蛋蛋，今天的作业做完了吗？"蛋蛋妈问。

小芯迅速躲进了元器件盒中。蛋蛋自信满满地回答："早就做完啦！"

第四章
国之重器

芯片虽小却是国之重器，强军梦也是"中国芯"家族的光荣使命之一。

转眼就到了国庆节，这一年是中华人民共和国的七十华诞，蛋蛋一家早就坐在电视机前等待阅兵仪式的直播。

上午十点钟，阅兵式开始了。

一排排整齐的队伍和一台台新式武器装备在十里长安街缓缓移动。这气势，如群山列队，似万马奔腾！蛋蛋被仪仗队"走百米不差分毫，走百步不差分秒"的步伐震撼了。战士们个个目光炯炯、精神抖擞，迈着铿锵有力的步伐，向世界展示中国军人的风采。

蛋蛋和爸爸最期盼的就是这些充满"黑科技"的武器装备登场。宽阔的长安街，铁甲生辉：一辆辆战车严阵以待，一枚枚导弹昂首向前，一台台新型装备惊艳亮相……

蛋蛋叫着："快看，这是99A主战坦克，钢板好厚哟。"

爸爸纠正道："那叫防护板，防护板越厚就越坚固，越能抵挡敌人的炮弹攻击。"

蛋蛋又叫起来："瞧啊，鹰击-18A来了，它具有一个鹰击-12A不具备的优势——从潜艇的鱼雷管发射。"

99A 主战坦克

　　它是我军目前最先进且完全信息化的主战坦克，号称"陆战之王"。实现了火力、机动力、防护力和信息力的有效组合，能在运动中精准命中目标。

无侦-8无人机

　　它是一种专门进行侦察的特殊机种，能高超音速突防，具备很好的隐身性能，可为作战单位提供侦察和打击效果评估情报。

"准确地讲是舰舰 / 潜舰型导弹，既可以从水下发射，也可以从军舰上发射。"

"这是无人机！它为什么要涂成黑色的呀？"

"这是高空高速无人侦察机——无侦 –8，机身黑色的材料能吸收雷达电波。"

"哦，敌人的雷达接收不到反射波就看不见飞机了，所以飞机就像穿了一件隐身衣。快看，这是什么车？"

"这些是侦察干扰车和区域拦阻式干扰车，是战时侦察干扰和拦阻敌人指挥通信系统的。"

"指挥通信系统失灵了，敌人就寸步难行。快看啊，导弹方阵来了！这是东风 –17 常规导弹。什么叫常规导弹？"

"常规导弹区别于核导弹，它装载的是常规的高爆弹头，当然，必要时也可以装载核弹头。"

"据说东风 –17 的飞行速度非常快，'天下武功唯快不破'，对手还没看清这些利剑，已被封喉。"蛋蛋激动地叫起来，"看哪看哪，压轴的来了！这是东风 –41 核导弹，最大射程约 1.4 万千米，攻击目标偏差小于 100 米，可以携带 6 到 10 枚分导式弹头，对手很难拦截的呢。"

"东风 –41 洲际战略核导弹是我国战略核力量的重要支撑。看来我们蛋蛋不愧是军迷！"

蛋蛋双拳紧握，说道："'东风快递'，使命必达！"

侦察干扰车

　　侦察干扰车和区域拦阻式干扰车都具有部署灵活、机动性强和作战能力较强等特点，是我军新一代战术电子对抗装备体系重要组成部分。

东风-17常规导弹

　　它是一款高超声速滑翔导弹，具备全天候、无依托、强突防等特点，可对中近程目标实施精准打击。

国庆大阅兵结束了，蛋蛋久久沉浸在那铁流滚滚的场面之中。夜深了，好不容易等到爸妈都睡了，蛋蛋悄悄溜进实验室，迫不及待地想把大阅兵的盛况和小芯分享。

蛋蛋绘声绘色地讲述着。忽然，小芯打断了他的话："你知道这些武器装备最核心的是什么？"

蛋蛋摇摇头。

小芯说："是它们的信息化技术！"

蛋蛋不解地问："信息化技术？"

"没错，是芯片和软件技术支撑着现代化武器装备。当然啦，芯片是基础，如果没有芯片，软件的应用就无从谈起。"

"那你就跟我说说吧。"蛋蛋恳求道。

小芯说："我举几个例子吧，坦克战中最重要的是什么？"

蛋蛋肯定地说道："当然是用凶猛的火力击毁敌方坦克！"

"不，最重要的是必须先发现敌方坦克。海湾战争中，美军装备M1A1型坦克与伊军T-72M坦克展开了'世纪坦克大战'。美军M1A1型坦克装备了热成像仪，在夜间或烟雾条件下可以识别1500米内的目标，而探测距离远达3000米；而伊军T-72M坦克只配备了第二代微光夜视仪，最大探测距离只有800米，测试数据还得手动输入火控计算机。结果可想而知，伊军坦克还没有弄清楚敌人在哪里就被击毁了！"

蛋蛋说："就像一个盲人与视力正常的人搏斗，而且这个

东风-41 洲际战略核导弹

导弹长16.5米，重60多吨。采用高性能惯性制导系统、信息化发射平台，大大提高打击精准度，是我国战略核力量的中流砥柱。

正常人还更强壮，这样看来，伊军惨败就不足为奇了。"

"这里面就用到了许多芯片，因为所有高于绝对零度（-273℃）的物体都会发出红外辐射，热成像仪就是把物体发出的不可见红外辐射能量转变为屏幕上肉眼可见的热图像。热图像上面的不同颜色代表被测物体的不同温度，主处理器芯片和其他芯片协同，对这些信息进行采集、传输、转换和处理。再如，坦克上火控计算机的芯片，根据探测的敌方坦克距离和风向风力等数据，计算并调整坦克炮的方位角和高低角，并实时传递给武器发射控制装置芯片，操纵武器自动跟踪并攻击目标。"

蛋蛋思考了一下，说："就像投篮，出手时要根据篮圈远近、起跳高度和场地风速，来调整出手角度、力度，

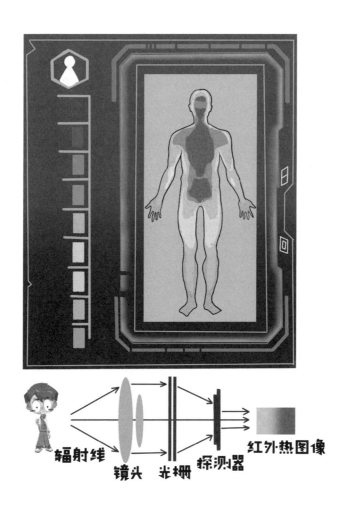

辐射线　　镜头　光栅　探测器　　红外热图像

才能准确命中？"

"是的，篮球运动员是靠人脑运算后做出反应。"

蛋蛋感叹道："机器若没有芯片这个大脑，还真是不行呀！"

"我们再来看看。还是以海湾战争为例，在战争开始前，美军对伊军电子设备实施强烈干扰，压制伊军的通信和预警雷达系统，以保证空袭行动的突然性。最终，伊军指挥失灵，通信中断，空中搜索与反击能力丧失，处于被动挨打的境地。"

"原来侦察干扰车和区域拦阻式干扰车作用这么大！但这是怎么实现的呢？"

"要干扰敌方，必须先侦察敌方的电子设备，像雷达、无线通信系统等设备工作时都会发出电磁波，只要侦测到电磁波的频率，把我方干扰机的频率调到与敌方频率一致，释放强烈的干扰，就能阻断敌方的信号传输。自动跟踪、分析敌方频率、调节我方干扰机频率等，都要用到信息处理、存储和控制芯片，芯片在这里起到决定性作用。"

"是不是像我们看电视时，不同的电视台有不同的频道？"

"是的，频道不一样就是频率范围不一样。区域拦阻式干扰车释放干扰，拦阻特定的区域通信。"

"难怪大型考试的考场内收不到手机信号！"

小芯说："再来看看你钟爱的'东风快递'吧。导弹中使用的芯片比较复杂，我给你讲些简单的。东风-41战略导弹，能飞行1万多千米，在飞行的过程中既要完成突袭任务，又要防止途中被敌方导弹拦截，这就涉及最佳飞行路径问题——它必须在卫星导航系统的指引下飞行，如此，导航定位芯片就很重要了；接近目标时，要把现场目标图像与存储器里的图像进行比对，分析确认是不是要打击的目标，确认了才发起攻击。所以，图像处理、微处理器和数据存储等功能芯片的作用就显而易见了。如果没有这些芯片，导弹就不知道要打什么了。还有，你不是喜欢特战队的帅气小哥哥吗？那你可曾注意到他们头盔上的新装备？那是单兵多功能眼镜，集成了夜视仪、战术手电等功能。"

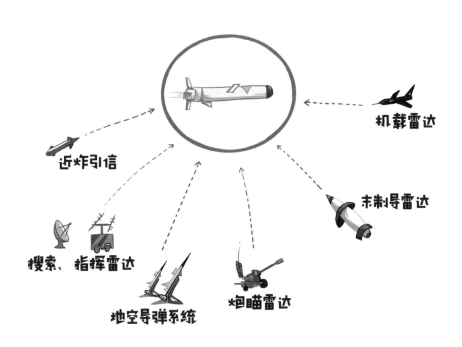

近炸引信

机载雷达

末制导雷达

搜索、指挥雷达

地空导弹系统

炮瞄雷达

"夜视仪？就是在黑夜也能够看清敌人的眼镜吗？"

"它的原理就是前面说的热成像。如果把头盔和兵哥哥身上携带的其他'黑科技'结合起来，就是先进的单兵信息化系统，在战场上就可以完成导航定位、信息通信、敌我双方识别等功能。这里面少不了要用到芯片！"

"这么厉害啊！"

"更厉害的是这些装备上使用的都是中国自己研制的芯片……"

国庆假期转眼就过去了。假期后的第一天，上学路上，同学们都在兴奋地议论着国庆节阅兵。蛋蛋向南柯和阿呆炫耀从小芯那里学到的知识，他有模有样地点评道："从阅兵电视直播中可以看到，此次众多新型装备集中亮相，既有陆上攻坚新锐，也有网空作战利器。这些'黑科技'武器装备都不能缺少芯片，如果没有导航芯片，空中旋翼机就无法准确找到目标；如果没有雷达芯片，万发炮就打不准；如果没有水下通信芯片，水下无人潜艇就无法与岸上指挥机关进行联系；如果没有控制芯片，空中加油机的输油管就无法准确插入受油飞机的输入口……"

"这些都是小芯教你的吧！"南柯和阿呆说。

蛋蛋模仿着说书老先生的姿态，摇头晃脑、抑扬顿挫地说："芯片虽小，却乃国之重器也！告诉你们，除了武器装备，我们国家还有很多高精尖仪器都离不开芯片的支撑呢！"

看着小伙伴仰慕的眼神，爱炫耀的蛋蛋恨不得把假期积攒的"料"全都抖搂出来。只可惜假期听到的东西太多，并没有完全记住，蛋蛋暗地央求道："小芯，求你了，出来帮我一把，不要让我在哥们儿面前丢了面子。"

小芯无奈地从书包里蹦了出来，短脚一摆，一块虚拟屏幕立刻出现了。屏幕上正是蛋蛋想要显摆的内容，蛋蛋指着屏幕接着说："这是我们国家自主研制的超算芯片！"

阿呆问："什么是超算？"

蛋蛋回答："超算就是超级计算机，体积超级大。"

小芯说："超级计算机和我们平时用的普通计算机的构成组件基本相同，在性能和规模方面却有差异。超级计算机主要有两个特点——极大的数据存储容量和极快速的数据处理速度，因此它可以在多个领域进行人或普通计算机无法进行的工作。例如，我国自主研制、安装在江苏省国家超级计算无锡中心的超级计算机——神威·太湖之光超级计算机。它安装了40960个自主研发的申威26010众核处理器，该众核处理器采用64位自主申威指令系统，峰值性能为12.5亿亿次/秒，持续性能为 9.3 亿亿次 / 秒。在法兰克福超算大会上，神威·太湖之光超级计算机系统登上第 47 届世界超级计算机 500 强榜首，堪称全球最强！"

蛋蛋叫起来："40960 个处理器？通常我们家用计算机处理器才 4 核或 8 核呀！"

南柯叹道："难怪叫超级计算机！"

阿呆又问："超级计算机能干些什么呢？"

小芯说："超级计算机在很多领域都有应用，比如军事、医药、金融、环境等。举个例子，超级计算机能算出一场台风是否是双台风，会走过哪些路径，强度是多少……"

南柯问："如果不用超级计算机而用普通计算机计算，会怎样呢？"

小芯说："面对非常复杂的气象条件，如果用普通计算机计算，可能台风都登陆了还没有计算出来结果呢！超级大国以为掌握了超算芯片我们就无可奈何了，结果呢，自主研发的超算芯片让中国心脏跳动得更强劲！"

南柯左手叉腰、右手一挥，犹如侠士一般说道："他强由他强，清风拂山岗。"

阿呆顺势也比画了一下："他横由他横，明月照大江。"

蛋蛋指着虚拟屏幕上的图片继续说道："这是我国第一艘自主建造的航空母舰——山东舰。航母上要用的芯片可多啦，比如在茫茫大海之中航行就需要知道航向和方位，导航定位芯片是必须有的，而且是我们自己研发的北斗导

航定位芯片。"

"说得好。"小芯在一旁鼓掌。

蛋蛋指着另一张图片
说道："这是我国的火星
探测器天问一号，芯片在
天问一号中也发挥着重要
作用。例如，在茫茫太空

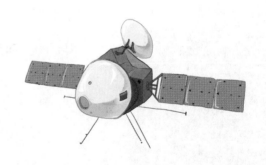

中，因为路途遥远，天问
一号与指挥控制中心通信
时信号十分微弱，所以信号处理芯片必不可少。"

"嗯嗯，不错！"小芯赞赏地点点头。

得到小芯的肯定，蛋蛋信心满满地继续说道："这张是中国载人空间站，也称天宫空间站。天宫空间站上也有很多芯片的身影。如果科学家要去空间站工作，必须用神舟飞船把他们送到空间站，飞船与空间站对接时必须十分精准，不得有丝毫误差，这就需要芯片发挥重要作用！"

看着听得入了迷的阿呆和南柯，蛋蛋得意地说："还有墨子号量子卫星、蛟龙号和潜龙号载人潜水器、雪龙2号极地考察船……中国的高精尖成果多了去了，今天是看不完了。"

忽然，南柯惊呼道："不好，我们要迟到了！"

大家赶紧向学校飞奔……

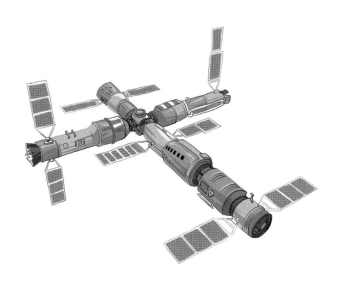

第五章
特殊的新年

　　芯片在现代医学诊断中扮演非常重要的角色，如果没有芯片，就没有医学诊断仪器。

日子一天一天过去，蛋蛋盼望已久的寒假到了。寒假里要庆祝一年中最隆重的节日——春节。贴春联是春节重要的节日习俗之一。

蛋蛋看着贴好的春联问道："爸爸，念春联的时候是从左到右还是从右到左？"

爸爸说："中国古代的对联讲究对仗。上联贴右边，下联贴左边，从右往左读。"

"那怎么区分上下联呢？"

"通常是根据因果关系或时间关系来区分的，比如'春回大地百花争艳，日暖神州万物生辉'，因为'春回'才有'日暖'，所以'春回大地百花争艳'为上联、'日暖神州万物生辉'为下联。"

妈妈在一旁点头说："我们家蛋蛋就是勤学好问！"

一家三口正沉浸在祥和喜庆的气氛之中，忽然，一辆120急救车从楼下呼啸而过，急促的鸣笛声让人感到深深的不安——一场疫情席卷而来！

武汉告急！湖北告急！党中央一声号令，全国驰援武汉、支援湖北，这些医护人员、解放军、志愿者都被称为最美逆行者。

这个春节，大家都待在自己的小家中，只有这样，才能保护祖国这个大家。推迟开学的同学们只能在家通过网络学习和交流。

阿呆："现在大家都只能宅在家里，好无聊啊！我看很多网友解闷的方法太搞笑啦，有的人在家搬出米桶数米粒，有的人拿着钓竿在金鱼缸里钓鱼，还有的人在家里举着小旗给家人当导游……"

南柯："早晨，我看到一位邻居在家给自己的猫讲函数题。"

蛋蛋："我妈妈说了，现在一定要听钟南山爷爷的话，待在家里，决不出门！"

同学甲："我在网络上当'云监工'，看着几百台挖掘机同时开工，火神山医院只用10天就建好了，这就是中国速度啊！"

同学乙："还有雷神山，那可都是有1000多张床位的医院啊！"

同学丙："看着一批一批医务人员不顾个人安危驰援武汉，真心为他们点赞！"

　　"医者仁心，伟大啊！"蛋蛋在键盘上敲出这些文字，想起电视上医护人员抢救危重症患者的景象和那些 CT（计算机断层扫描）影像片，突然感叹道："哎，幸亏现在的医疗器械比较先进，能快速找到病人的症结。"

　　忽然，小芯跳上了桌面说："医疗器械的进步也是离不开我们芯片的。正好趁这个机会，我来跟你讲讲芯片在医疗领域中的应用吧！你知道第一位诺贝尔物理学奖得主是谁吗？对了，就是那个发现了 X 射线的伦琴！他还给夫人拍了一张手骨的 X 光照片。

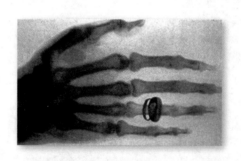

　　"给新冠肺炎患者检查的 CT 机就是利用 X 射线束对人体的一侧进行扫描，在另一侧用探测器接收穿透过来的 X 射线。探测器把接收到的光信号转换为电信号，再送给计算机处理成一整幅图片并显示出来。"小芯一伸短脚，瞬间控制了蛋蛋面前的电脑，蛋蛋已经见怪不怪了。只见电脑屏幕随着小芯的讲解而不停地切换着画面。

"CT机内部有很多芯片在工作，如模数转换芯片要把探测器接收的光电信号转化成计算机认识的数字信号；计算机里的处理器芯片要处理收集到的扫描信息；图像处理芯片要把计算机处理后的信息转换为像素显示出来。缺了哪一个环节的芯片，CT机都无法正常工作。"

"有这么多芯片在工作呀！"

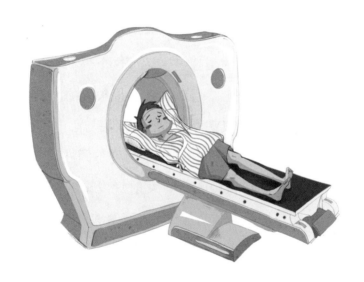

小芯短脚一摆，电脑屏幕上瞬间换了一张图片："再来看看心电监护仪。它是一种综合测量仪器，主要是测量血压、心跳、血氧饱和度等。血氧饱和度，是指血液中血红蛋白与氧结合程度的百分率。如果氧气不够，人就会心慌气短胸闷，严重缺氧5分钟以上会对大脑造成不可逆的损伤。那么氧气是从哪

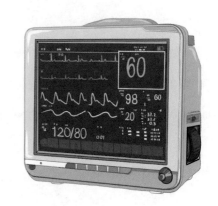

里来的？当然是人吸进来的，而肺是控制呼吸的主要器官！这下知道新型冠状病毒的可恶之处了吧？它把人的肺部损坏了！感染病毒后的人会感到呼吸困难，喘不过气！"

"那么，怎样测量血氧饱和度呢？"蛋蛋问。

小芯指了指电脑上的图片："见过这个吗？"

"电视上见过，护士给患者夹在手指头上的。"

"这个是指夹式血氧饱和度探头，探头与心电监护仪连接。这个探头里面有能发出红光和红外光两种不同波长光线的发射

管和接收管。发射管发出的光线穿过手指被接收管接收。血液中的氧气含量不同时，手指里的血液颜色深浅不同，光线的透射程度（或称为吸收率）就不同，检测电路接收到两种光线的强度变化，由微处理器计算出血氧饱和度值并显示在心电监护仪的屏幕上。"

蛋蛋说道："我懂了，检测电路需要放大信号的芯片，计算血氧饱和度需要微处理器芯片，在屏幕上显示数值还要有芯片。"

"有进步，都会抢答了！医院用的医疗器械哪一件少得了我们芯片家族的帮助！再来聊聊这段时间用来测量你们体温的东西。"

"是拿在手里像手枪一样的东西吗？"

"是的。那个叫手持式红外测温仪，也有叫额温枪的。"

蛋蛋笑道："哈哈，出小区一枪、进超市一枪、进菜市场一枪、回来再补一枪，枪枪测温。"

"那你知道它的工作原理吗？"

蛋蛋自信地说："我知道我知道，我在网络上搜索过这个。它是利用了人体能发出红外辐射能量这一现象。额温枪上的光电探测器能把人体的红外辐射能量转变为相应的电信号；信号经过放大器和信号处理电路后转变为我们看得懂的温度值。所以这里面一定有电信号放大处理芯片、微处理器芯片、显示芯片和电源芯片。"

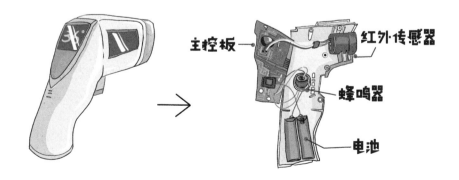

"说得好！就是这么一把小小的额温枪，用到了我们芯片家族这么多兄弟姐妹，神奇吧！除此之外，芯片还能检测病毒呢。"

"哦？芯片还能检测病毒？"

"战'疫'利器获批！由清华大学、四川大学华西医院、博奥生物集团有限公司暨生物芯片北京国家工程研究中心共同设计开发的'六项呼吸道病毒核酸检测试剂盒'（恒温扩增芯片法），可以在1.5小时内一次性检测包括新冠病毒在内的6种呼吸道常见病毒。"蛋蛋的电脑屏幕上弹出了一条新闻。

小芯接着说："生物医药也是芯片大显身手的领域，例如基因芯片。基因芯片技术也称DNA微阵列，是生物芯片的一种，是生命科学领域里兴起的一项高新技术。"

"基因芯片技术能干什么呢？"蛋蛋追问道。

"利用基因芯片技术干的事情很多，举个例子，科研人员研发出一种新药后最关心什么呢？是不是这种药的疗效怎样？基因芯片技术就可以帮助科研人员找出药物的最小有效剂量和最大中毒剂量。我们平时生病时吃的药，都是由许多种物质组合起来的。在研发新药的过程中，这些物质组成的处方，哪些是最有效的呢？用基因芯片技术就可以高效筛选出符合要求的药物。采用基因芯片技术还可以开发出具有不同用途的检测试剂盒。"

"检测试剂盒？"蛋蛋联想起了这段时间电视上常说的词——新型冠状病毒检测试剂盒。

小芯接着说："基因芯片技术可以寻找药物靶标、查检药物的毒性或副作用、筛选药物等，在药物研究领域具有广泛的应用前景。"

夜晚，蛋蛋做了一个梦。梦中小芯念着咒语，把蛋蛋变得很小很小，小得和病毒差不多大。碰巧，蛋蛋遇见了一种不知叫什么名字的病毒。

蛋蛋喊道："不管你是什么病毒，我都要消灭你！"

病毒赶忙说："等一下等一下，请听我说，早在你们人类出现之前，我们病毒就占领了这颗星球，历经高温、酷寒、干旱等极端条件，到现在仍然无处不在。绝大多数情况下，我

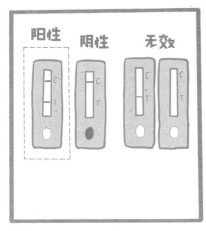

胶体金法

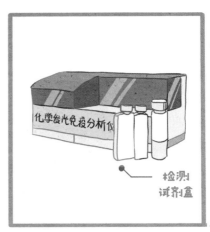

磁微粒化学发光法

们与人类是和平相处的；有的时候我们对人类还是有帮助的。比如感冒病毒，可以磨炼人类的免疫系统。我们常常寄生在野生动物体内，本来我们和人类之间相安无事，可是，有些人偏偏要食用这些野生动物。"

蛋蛋暗暗地想：是啊，地球上的生物具有多样性，正是形形色色、千姿百态的生物和它们的生命活动，才构成了我们绚丽多彩、生机盎然的大千世界。人与自然和谐共生是根本之道。

突然，一道白光闪过，蛋蛋醒了。他擦了擦嘴角淌下的口水，喃喃地说："万物皆有灵，不吃野生动物，要与野生动物和平相处……"

第六章
难忘的旅行

旅行需要好奇的心和不停的脚步，不停地遇见，

不停地思考……

当蛋蛋、阿呆和南柯站在北京的某条街道上时，才真切地感受到了暑假的到来。三个少年为什么会在北京？这还要从一周前说起。为了进一步探究芯片在生活中的应用，三个少年可谓踏破铁鞋。他们越是探究，兴趣越浓。恰好蛋蛋爸要去北京培训三天，小芯说："要是咱们可以去北京旅游就好了，我会向你们展示芯片的更多本领哟！"

在蛋蛋的软磨硬泡下，爸爸同意带"铁三角"一起去北京。爸爸还找了一个他在北京当导游的老友王叔叔，负责三个孩子的北京三日游。

宽阔的街道、拔地而起的楼房、纵横交错的立交桥让"铁三角"应接不暇。三人跟着旅行团沿着东长安街朝天安门走去。来到天安门城楼下，仰望着这座庄严雄伟的城楼，少年们的心情无比激动。城楼前的天安门广场中央矗立着高大的人民英雄纪念碑，碑身上毛主席题写的"人民英雄永垂不朽"八个大字闪烁着夺目的光彩；广场南端是毛主席纪念堂；东西两侧分别是中国国家博物馆和人民大会堂。好多游人都在广场上拍照留念，南柯也用手机为大家记录下这激动的时刻。

接着，三人去了心心念念的故宫博物院。走进故宫宽敞的大红门，三人不约而同地惊呼："哇，这里可真大啊！"

故宫有着 600 多年的历史，经历了中国封建王朝史上最后两个朝代：明朝和清朝，是皇帝办公和居住的地方，这里曾经住过 24 位皇帝。故宫的建筑极具特色，宫殿都是沿着南北向中轴线排列，向两旁延伸，左右对称，气势宏伟，规划严整，极为壮观。

走着走着，阿呆疑惑地问："都说故宫里珍宝无数，我怎么就看不出来呢？"

这时，王叔叔听到了，走过来对少年们说："故宫里分为地面文物库和地下文物库，总共收藏 186 万多件文物，你们看到的只是一小部分，许多文物都在地下文物库里呢。有人简单计算过，若每天看 30 件，每年看 1 万余件，不重样地全部看完，要花上 180 年！"

"180 年？这么久！""铁三角"惊呼。

忽然，蛋蛋口袋里的小芯问道："你们猜猜看，芯片家族能在故宫里干什么？"

蛋蛋问："古老的故宫里也能用到芯片啊？"

小芯说："那当然了，我们在故宫里就是为了保护故宫和里面的文物。你看，这 186 万多件文物中包含约 53000 幅绘画、

75000 件书法，还有 28000 件碑帖。这些绘画、书法、碑帖作品都是在纸上呈现的，如果保存不当，纸张就特别容易霉变腐烂，温度高了、湿度大了都不行。

"我们芯片就通过传感器大显身手，传感器能够感知环境的温度和湿度，把感知到的信息传送给我的兄弟 AD 芯片。AD 芯片能够把模拟信号转换为数字信号（因为微处理器 MPU 只认得数字信号），微处理器 MPU 芯片接收到 AD 芯片传来的信号后，会判断这个温度和湿度是不是管理员需要的；如果不是，就发布工作指令，启动空调或除湿机开始工作，把库房内的温度和湿度调节到合适为止。

"还有，故宫文物那么珍贵，需要我们采取严密的防盗措施。故宫的防盗设备非常密集，视频监控仪、红外线防盗报警器等处处可见，这些设备里面都有我们芯片辛劳的身影。修建

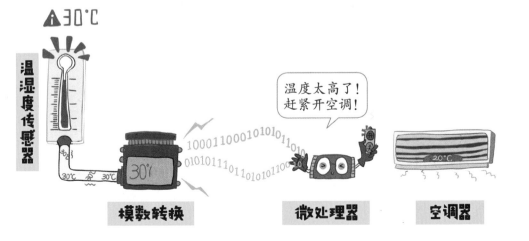

故宫的基础材料是木头，防火也是非常重要的，及时发现火灾隐患、及时扑灭火灾，都必须用到传感器和芯片。"

"芯片在故宫文物保护中的作用太重要了！""铁三角"由衷地感叹道。

第二天的出游计划是去天安门广场看升国旗仪式。蛋蛋他们没想到，天还没亮，天安门广场上就已经人山人海。半小时后，国旗护卫队终于迈着整齐的步伐、英姿飒爽地走来。升旗手把国旗挂在旗杆上，展旗，国旗缓缓升起。人们都庄严肃立，向国旗行注目礼。

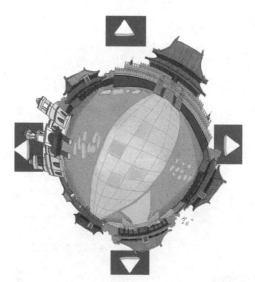

升旗仪式结束后，南柯在一旁说道："你们知道吗？天安门广场的升旗时间每天是不一样的哟，是根据北京的日出时间而定的。北京天文台会把这个准确时间报告给国旗班的叔叔！"

阿呆惊讶地叫道："哇，你俩功课做足了！"

蛋蛋一鼓作气接着说："还有，天安门广场旗杆基座下面有个地下室，里面有两套电动升降旗设备及一套音响设备。我们平时只注意到升旗时的两名升旗手，实际上这个地下室里还有一名值班升旗员，一旦电动设备出现故障，他们便可随时改为手动升旗，保证国旗正常升降。"

这时，小芯突然插话道："既然你们懂得这么多，那谁知道升旗与芯片家族有何关联？"

"铁三角"冥思苦想，突然蛋蛋惊喜地说："电动升旗杆！"

小芯开心地说："对，没错！电动升旗杆升旗

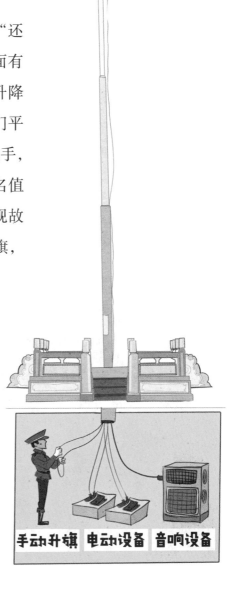

手动升旗　电动设备　音响设备

时，电机的转速和时间的控制都需要我们芯片。从护旗队出发到国旗升至旗杆顶端需要 2 分 7 秒。为什么是 2 分 7 秒？因为要与太阳完全跃出地平线的时长对应。其中，升旗时长为 46 秒。这些时间能卡得如此精准，都需要定时器芯片的保障。"

按照行程计划，上午，"铁三角"去了位于天安门广场东侧的中国国家博物馆；下午，他们去了清华大学微电子学研究所。据小芯介绍，清华大学的这个地方可不一般，是中国微纳电子学科研和人才培养的重要基地之一。三十多年来，清华大学微电子学研究所在我国半导体及集成电路发展史上取得了一系列代表国家水平的辉煌成就，为中国的半导体事业发展做出了突出贡献，例如，作为主要研发单位之一，成

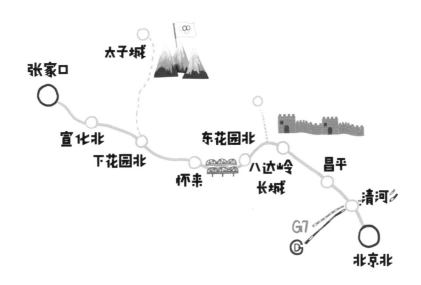

功开发出我国第二代居民身份证专用芯片。

　　第三天，是让"铁三角"格外期待的一天。因为大家要乘坐京张智能高铁，去八达岭长城。

　　追溯历史，说到京张铁路，就不得不提起一位伟大的人物——詹天佑。京张铁路是詹天佑主持修建的铁路，也是中国第一条不用外国资金、不请外国技术人员、由中国人自主修建的铁路。百年后的今天，中国人自主设计建设了时速350千米的京张智能高铁，它是2022年北京冬奥会的重要配套工程之一。从北京至张家口太子城的冬奥会主赛场再也不用耗费近四小时车程了，搭乘复兴号智能动车组，在1小时内就能通达。冬奥场馆真的成了"家门口"的雪场！

　　早就听说京张智能高铁运用了许多高科技，"铁三角"早早地就来到了高铁车站。

候车大厅里，只见一个智能机器人正在帮助旅客搬运行李，另一个智能机器人正在给找不到检票口的旅客指路。机器人的身体里可少不了芯片的应用！

前面就是进站口，瞧，智能刷脸闸机！这台闸机不仅能刷手机码、身份证、护照，还能刷脸！太方便了！

"据说，人脸识别技术还协助警察叔叔抓到很多逃犯呢。"阿呆说。

列车还没有进站，"铁三角"正在站台等车。看着地面上的标识，南柯好奇地问："每次乘坐高铁或者地铁时，我都会好奇，为什么列车停下时，车门总能精准对准乘客上下车的停车位或屏蔽门？"

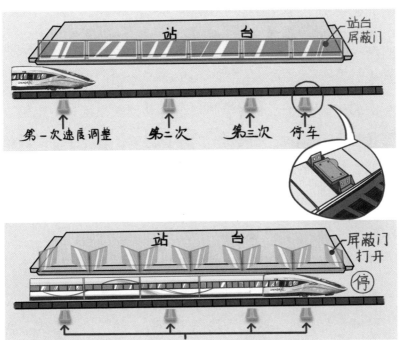

列车停准后，ATO（高铁列车自动驾驶）输出打开车门命令

　　阿呆说："可能是站台上有人在指挥列车该停在什么地方吧？"

　　蛋蛋说："不会吧，列车进站时速度不慢啊，靠人指挥定点停车，这恐怕有点难度。"

　　这时，眼尖的阿呆叫道："快看，站台铁轨中间有几个'黄坨坨'！"

　　蛋蛋说："会不会与列车定点停车有关？"

　　南柯像侦探勘查现场一样分析道："根据几个'黄坨坨'

的等间距来看，这一定与定点停车有关！"

小芯说："非常正确！'黄坨坨'是应答器，在感应到列车到来时，会向列车发出信号；收到'黄坨坨'发出的信号后，列车上的中央处理芯片会控制列车自动驾驶系统，由电脑、传感器代替人工操作，完成列车的对标停车。若要手动驾驶精准停车，老司机的经验和手感就显得很重要。"

阿呆说："明白了，如果没有'黄坨坨'，列车车门也就无法精准定位。"

小芯又说："铁轨上的应答器隔一段距离就设置一个，它通常是由线圈组成的。"

"哇，那是列车吗？太炫酷了！""铁三角"看到了智能复兴号动车组列车。

南柯说："我上网查过，列车的头形有两种样式，一种是'鹰隼'，另一种是'旗鱼'；列车的外观涂装也有两种，一种是'龙凤呈祥'，另一种是'瑞雪迎春'。"

阿呆赶紧说："我喜欢'瑞雪迎春'，它像一个'蓝暖男'。"

终于发车了，"铁三角"兴奋极了。

看着屏幕上显示的当前列车运行的速度，蛋蛋自豪地说："在京张高铁，复兴号将首次实现时速 350 千米的自动驾驶，注意是'自动驾驶'！"

小芯告诉大家："自动驾驶主要涵盖了五个方面，一是车

站自动发车，二是车站区间自动运行，三是车站自动停车，四是车门自动防护，五是车门和站台门的联动。自动驾驶涉及检测、判断和控制，需要很多芯片！"

阿呆说："我发现列车经过隧道时，车内灯光亮度会自动变化。"

南柯补充道："车窗玻璃颜色也会变化。"

蛋蛋说："列车里一定有传感器！传感器感受到进入隧道前后的光线变化，把变化的信息传给了芯片，芯片再发出指令控制车厢内的灯光变化。"

小芯接着说："由于列车要频繁穿过隧道，通过智能控制可以让车内压力更平稳，同时还能提前调节灯光亮度、车窗玻璃颜色等，减少视觉冲击。京张智能高铁就采用了智能环境感知技术。"

芯说

智能环境感知技术：采用温度传感器、光敏传感器、微处理器芯片和控制电路芯片，能根据周边环境温度和光对车内温度、灯光、车窗玻璃颜色等做出自动调节。

蛋蛋说："那是无线充电技术。"

南柯好奇地问道："啊？据说有的高级手机上才有这个功能，京张高铁上竟然也有，它是怎么做到的？"

小芯说："在无线充电器和手机上分别有两个线圈，当无线充电器的线圈接通电源之后，线圈加上交流电就会产生一个不断变化的磁场，把手机放在充电板上的时候，手机背盖上的线圈就会感应到磁场的变化，从而产生感生电流。我们就是用感生电流的能量给手机电池进行充电的，因为手机与充电器之间没有充电线，所以叫无线充电。在这里，芯片不可缺席！"

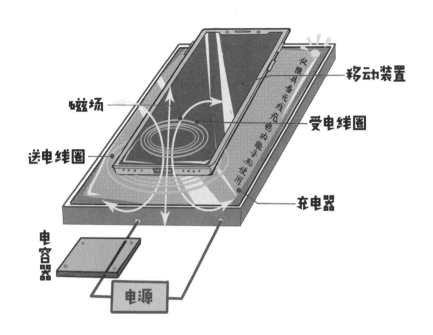

京张智能高铁安装有数千个传感器，像带着随车医生一样，随时体检，保障运行安全。这些传感器都要把信息传输给中央处理器芯片，由中央处理器芯片做出列车"身体"是否健康的判断。

"各位乘客，八达岭长城站到了，请到八达岭长城站的乘客，带好自己的行李准备下车。"车厢里传来了乘务员的声音。

终于到站了。

"哇，这么高的自动扶梯！"阿呆抬头感叹。

小芯说："八达岭长城站位于地下102米，是世界上最深的高铁站。管理和控制如此之深的地铁站必须用到大量的自动化设备，像灯光、通风、温度调节等，没有芯片参与是无法想象的！"

阿呆说："就是就是，如果断电了，地下 102 米肯定是黑漆漆一片。"

做足功课的南柯说："你们注意到了吗？连站台上不起眼的垃圾桶都大有文章！它们其实是一个个竖井，与地下的水平输送管道相连。"

小芯接着说："京张高铁采用了全国高铁第一套气力输送生态垃圾系统，垃圾密闭式输送系统工程是'智能京张'重要组成部分。

"它的工作原理类似于一个大功率'吸尘器'，垃圾气力输送系统可理解为'吸尘器＋竖井'。旅客投放垃圾时，要选择垃圾桶上的可回收垃圾或其他垃圾按钮进行分类投放，系统会在进入中央收集站的密闭垃圾集装箱前，经过旋屏分离器将垃圾分类处理后落入集装箱；整个系统内部需要配置的除尘系统、过滤系统、催化氧化系统、监控系统等，芯片都大有'用武之地'。"

蛋蛋接过话茬儿说道："还有呢，京张高铁沿线 10 个车站共用一个控制中枢，工作人员在控制室就可实现客站灯光、温度、湿度等设备管理和应急指挥，而控制中枢里面就用到了大量芯片。"

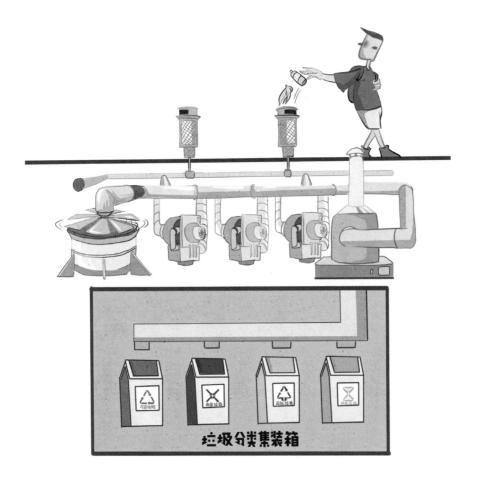

垃圾分类集装箱

阿呆兴奋地说: "高, 实在是高! 京张高铁里的高科技太多了!"

三人一边回味刚见证的炫酷科技, 一边随着旅行团兴奋地向目的地长城赶去。

第七章
初识晶体管

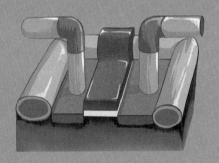

如今，我们用到的所有电子产品中都存在着无数
的晶体管，那么这些晶体管是如何工作的呢？

北京归来，少年们对芯片的好奇心和求知欲更甚。在南柯和阿呆的多次要求下，蛋蛋终于寻得机会让他们参观小芯的家，也就是蛋蛋爸的实验室中那个摆在角落的元器件盒子，和小芯进行一次深入交流。

某天，蛋蛋的爸爸妈妈正好都不在家，蛋蛋领着两个小伙伴来到爸爸的实验室。实验室里的情景让南柯和阿呆惊叹不已——满屋子的电子仪器、一整面墙的图书，还有一堆半成品的机器人、无人机、智能小车……他们感觉自己好像置身于一个神秘博士的秘密基地。离电脑不远处有一层层堆叠放置的塑料盒子，盒子里分别装着各种各样的电子元器件，小芯的家就在这里。

蛋蛋说："小芯，阿呆和南柯来找你玩了。"

只见一个塑料盒子微微开了一条缝，小芯从里面钻了出来。

南柯惊奇地问："小芯，原来你住在这里呀？"

小芯说："我这可是'高层住宅'。我的邻居可多啦，有电阻器、电容器，还有各种型号的芯片，等等。"

南柯问："小芯，你说过人类的身体是由细胞组成的，你的身体主要是由晶体管组成的，那你身体里的晶体管一定很多吧？"

阿呆接上话茬儿："那天我爸爸买了一部华为手机，导购小姐姐说它里面的麒麟990芯片虽然只有指甲盖大小，但是集成了103亿个晶体管。"

蛋蛋惊叹道："哇，全世界人口大约才76亿，这么小的地方居然能装下103亿个晶体管！"

南柯问："那晶体管在你体内有什么作用呢？"

小芯说："这个问题问得好，但答案可能有点烧脑。"

南柯饶有兴致地说："我就喜欢烧脑的。"

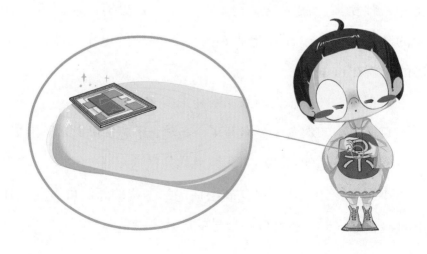

小芯开心地说："哈哈，我就喜欢爱科学的少年！"

说到这儿，三个少年端正了姿势，开始专心地听小芯讲课。

"晶体管在芯片中主要起开关作用。还记得小学《科学》课本中《点亮小灯泡》中的电路吗？

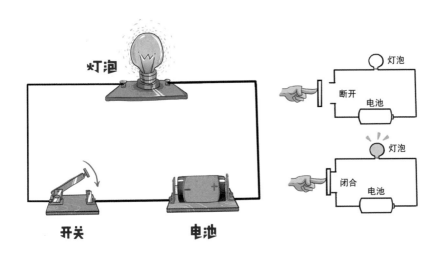

"如果我们把开关换成晶体管，再用电压代替手指，可以通过电压来控制晶体管的连通或断开，进而就可以控制灯泡的亮与暗了。芯片内部就是由这些开关组成了各种各样的电路，以实现不同的功能。比如麒麟990芯片就是一款集成了5G基带的手机处理器，内部有103亿个'开关'，功能十分强大。"

蛋蛋追问道："为什么晶体管可以当开关，它的工作原理是什么呢？"

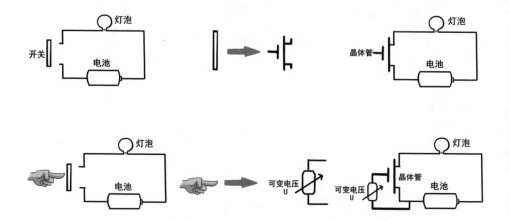

小芯说："用晶体管代替开关，用电压控制代替手动控制，这可是大学里才会学到的知识啊！"

南柯来了兴致："我也有兴趣，你先简单跟我们讲讲吧。"

小芯兴奋地说："我可真是太喜欢你们了！听好了，下面开始烧脑升级。你们知道导体和绝缘体吗？"

南柯说："知道知道，导体就是容易导电的物体，像电线里的铜线、铝线；绝缘体就是不容易导电的物体，像橡胶、木头。"

阿呆联想到爸爸曾说过的话："有人触电时，要用干燥的木杆或橡胶棒把电线从触电人的身上拨开，千万不要用自己的手或金属物体去救人。"

南柯颇为专业地说："人体组织中 60% 以上是由含有导电物质的水分组成的，所以人体是导体。当人体接触设备的带电部分并形成电流通路时，就会有电流流过人体，从而造成触电。"

小芯说："很好！导体就是导电良好的物体，绝缘体就是不导电的物体，那么半导体是什么呢？"

阿呆似懂非懂地说："是一半可以导电、一半不可以导电的物体？"

小芯纠正道："不对，半导体的'半'是指导电性能介于导体和绝缘体之间，而不是物体外形上的一半和另一半。你们看，这是材料内部自由电子数量与导电能力之间的关系。

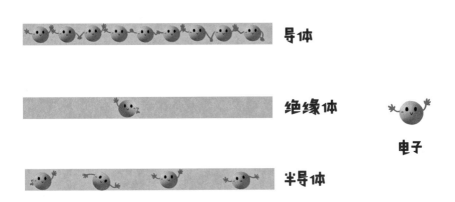

"导体的电子（或称载流子）数量多，电阻非常小且不易控制；绝缘体的电子数量极少，电阻非常大；而半导体的电子数量介于两者之间，半导体的电阻也就容易控制。晶体管就是用半导体材料制成的，它的开关作用实际上就是控制半导体的电阻值大小。电阻值大了，流过半导体的电流阻力就大，反之就小。"

蛋蛋明白了："我知道了，电阻值变大就相当于晶体管截止，电阻值变小就相当于晶体管导通。这就是晶体管的开关作用。"

小芯又说："很好！为了加深理解，我再做一个类比。水龙头大家都用过吧，为什么抬起把手时水会'自来'呢？"

南柯自信地说："水压！是水管里的压力把水压出来了。"

阿呆尴尬地说："是啊，上回家里停水，忘了关水龙头，回家时都'水漫金山'了。"

小芯对大家说："水龙头的把手为什么能控制水流呢？因为水龙头里面有个阀门，当我们抬起把手时，阀门就打开，自来水就流出来了；当我们压下把手时，阀门就关闭，就没有水流出来了。对照水龙头，再看看晶体管是怎么工作的。水流的来源叫源极，水流出的地方叫漏极，水当然不能随便漏了，要有阀门控制，这个阀门就叫栅极。现在，我们把水龙头换成晶体管，把自来水换成电流，把水压换成电压。这时如果把栅极

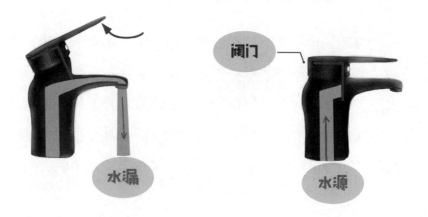

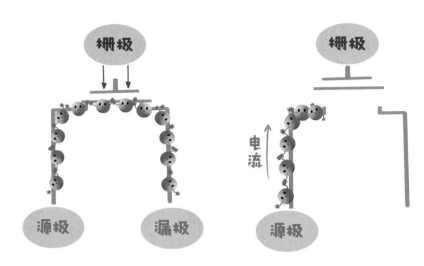

打开，电流就会从源极流到漏极，相当于晶体管导通；如果把栅极关闭，那么就没有电流从源极流到漏极，相当于晶体管截止。控制水龙头把手可以控制水流的有无，而栅极电压可以控制晶体管有无电流。这就是晶体管起开关作用的原理。"

阿呆高兴地说："啊，这样好理解多啦！"

小芯接着说："在高年级的教科书里都是从 PN 结讲起，你们就当是提前预习。现在制作芯片的基础材料用的都是硅。一块不含任何杂质的纯净硅称为本征半导体。如果在纯净硅里掺入微量的硼元素，就成了 P 型半导体；如果在纯净硅里掺入微量的磷元素，就成了 N 型半导体。将 P 型半导体与 N 型半导体靠在一起时，它们的交界面就称为 PN 结。在 PN 结的地方会形成一个'阻挡层'；顾名思义，'阻挡层'就是阻挡电流流动的。PN 结有个会'变脸'的'脾气'，即，当 P 型区加上正电压、N 型区加上负电压时，PN 结'高兴'了，阻挡层会变窄，电阻变小，电流容易流过；反之，当 P 型区加上负电压、N 型区加上正电压，PN 结'不高兴'，阻挡层会变宽，电阻变大，电流就不容易通过了。而且这个 PN 结还挺'霸道'，只允许电流从 P 流向 N，不允许其反过来流动。晶体管的开关正是利用 PN 结的这个'脾气'。"

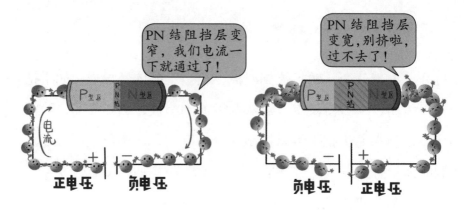

蛋蛋不依不饶地追问道："原理是了解了，但实际的 PN 结是什么样的呢？有没有更直观的图片？"

小芯说："好吧，我们来看看一个晶体管的剖面示意图（MOS 管图）。图中不同的颜色代表不同的层、不同的材料。

"你们看到 P 型区和 N 型区了吧？像不像就是在 P 型区挖两个坑，在坑里埋两个 N 型区？ P 就和 N 结合在一起了，就形成了两个 PN 结。不太明白吧？没关系，在后面的学习中你们就会知道，芯片制作过程就是不断'挖坑''埋坑'的过程。

"利用 PN 结来控制电流是人类的一个创举，我们芯片体内上亿的晶体管就是由 PN 结构成的。"

南柯问："你是说你的'细胞'实际上是 PN 结？"

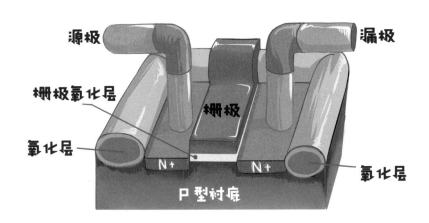

小芯说："是的，正是它们成就了我们今天的信息社会！芯片这东西听着很高端、很复杂，其实如果把芯片拆开来看，它的内部是由许多电路组成的，有的负责计算，有的负责存储，有的用来传输，有的提供干净的电源，等等；如果我们把这些电路再拆开看的话，就会发现这些电路是由一个个晶体管组成的。晶体管应用于几乎所有你能够想到的电路中。"

"你说的我好像懂了，但是什么是电路呀？"阿呆问。

小芯说："电路就是电子走的路呀！就像你们人类世界——汽车走公路，轮船走水路，火车跑铁路！无论是简单的家用电器还是复杂的航天飞机，其包含的电路都是由我和我的好朋友电阻器（限制电流）、电容器（储存电荷）等一起组成的，人们把我们称为电子元器件。工程师把电子元器件经过各种排列组合，做出具有各种功能的电路，这个过程就叫设计电路。"

南柯说："设计电路？听起来好厉害啊！"

忽然，传来了一阵开门声——蛋蛋爸回来了！小芯说了句"我该走了"，就消失在元器件盒里。

"叔叔好！"南柯和阿呆走出实验室，跟蛋蛋爸问好。

"你们好！今天来家里玩啊，欢迎欢迎。在实验室里玩什么呢？"

"叔叔，我们想知道芯片是怎样设计的。"阿呆说。

"哦，这个问题有点大。等下次有机会，我带你们几个去参观一下吧！"

参观？回家路上，南柯和阿呆充满了期待。

第八章
从沙子到晶圆片

沙子为什么会和高端的芯片扯上关系？让小芯带你去了解一下这个神奇的过程吧！

这天，三个小伙伴又聚在他们的"秘密基地"，围着小芯"开大会"。

南柯说："小芯，芯片的'细胞'晶体管我们已经了解过了，能不能再跟我们讲讲芯片是如何制造出来的？"

阿呆插话道："我也很想知道。"

小芯坐在蛋蛋的肩头，悠闲地摆动着短脚，说："嘿！想了解这个问题，得先了解晶圆片这个东西。"

"晶圆片？刚了解完晶体管，现在又冒出个晶圆片，这是什么东西？"阿呆问。

"我听说过晶圆片，我爸说它是用沙子做的。"蛋蛋说。

"那你知道沙子是如何形成的吗？"小芯问。

"我在一本书上看到过，"南柯说，"大概意思是说地球形成之初是一颗混沌一体的星球，没有地核、地幔和地壳的分层。但是，在地球形成之后约5000万年，一颗叫忒伊亚的星球撞上了地球，撞击产生的巨大能量几乎将地球融化。在这一过程中，地球开始分层，其中比较重的物质，比如铁和镍，开始往地球中心沉降，分化形成了铁质的地核。剩下的镁、铝、硅、碳、氧、钙、钠等较轻元素组成的物质浮在地核外面，形成了原始地幔。然后……然后……"南柯抓抓脑袋，有点想不起来了。

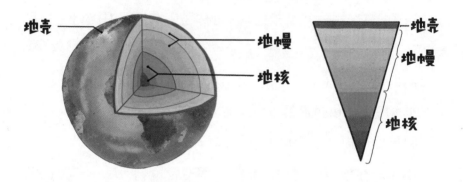

"然后，"小芯接着说，"受热熔化的岩浆在冷却的过程中结晶，形成了岩石。其中，含硅元素更多的花岗闪长岩和英云闪长岩，组成大陆地壳的顶层。当岩石历经风化和侵蚀，就会产生沙子。有的岩石会随着河流经历数千千米的路程并在沿途不断崩溃，一旦进入海洋，它们将在浪潮和潮汐的作用中被侵蚀掉，进而形成海边的沙滩。下一次你们到海边玩耍时，可以仔细看看脚下的沙子，因为它正在告诉你一个关于地球的故事。遍布河滩、海滩的沙子中有着丰富的二氧化硅，制造芯片所用的材料就是二氧化硅，虽然人们很难将沙子与高科技的芯片画上等号，但事实就是如此。"

"蛋蛋曾经问我有没有爸妈，我当然有！我的爸妈就是成千上万名研发和生产我的科学家、工程师。他们不断地研发、不停地改进，虽然经历了无数次的失败，但从不放弃，不断地总结经验，最终才有了现在的我。"

"铁三角"听得入了迷,好半天才从小芯的讲述中回过神来。

"好想看一看沙子是怎么变成芯片的。这肯定是一个神奇的过程。"南柯期盼地说。

"小芯，你有办法让我们看到吗？"蛋蛋问。

"请大家闭上眼睛，进入飞行模式！"

"去哪儿？"大伙儿问。

"去追本溯源！"

三个小伙伴闭上眼睛，在小芯的"导航"下，瞬间离开了公园。等他们再睁开眼时，面前是一座工厂。原来，他们来到了一个叫晶圆片厂的地方。

"这是我用超能力创造的虚拟空间，你们可以在里面尽情参观。走吧，跟我一起去看看。"小芯说。

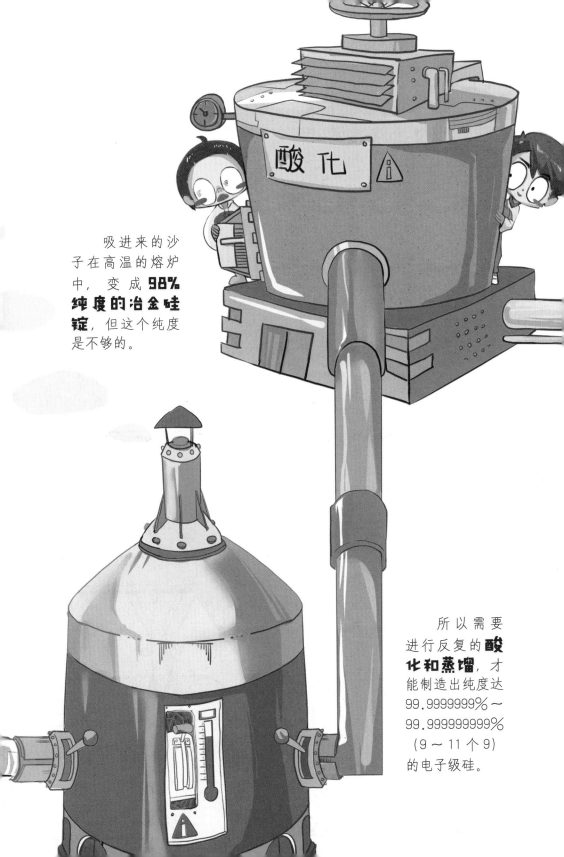

吸进来的沙子在高温的熔炉中，变成**98%纯度的冶金硅锭**，但这个纯度是不够的。

所以需要进行反复的**酸化和蒸馏**，才能制造出纯度达99.9999999%～99.999999999%（9～11个9）的电子级硅。

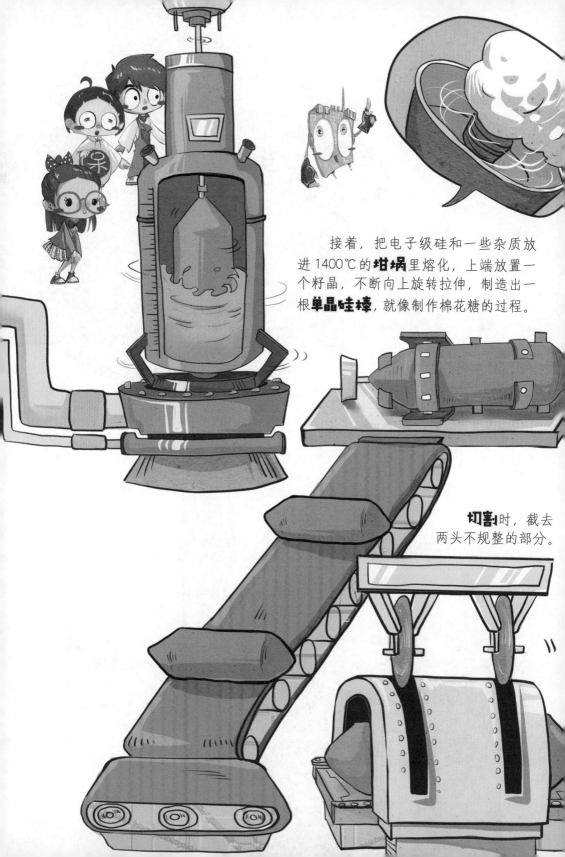

接着，把电子级硅和一些杂质放进1400℃的**坩埚**里熔化，上端放置一个籽晶，不断向上旋转拉伸，制造出一根**单晶硅棒**，就像制作棉花糖的过程。

切割时，截去两头不规整的部分。

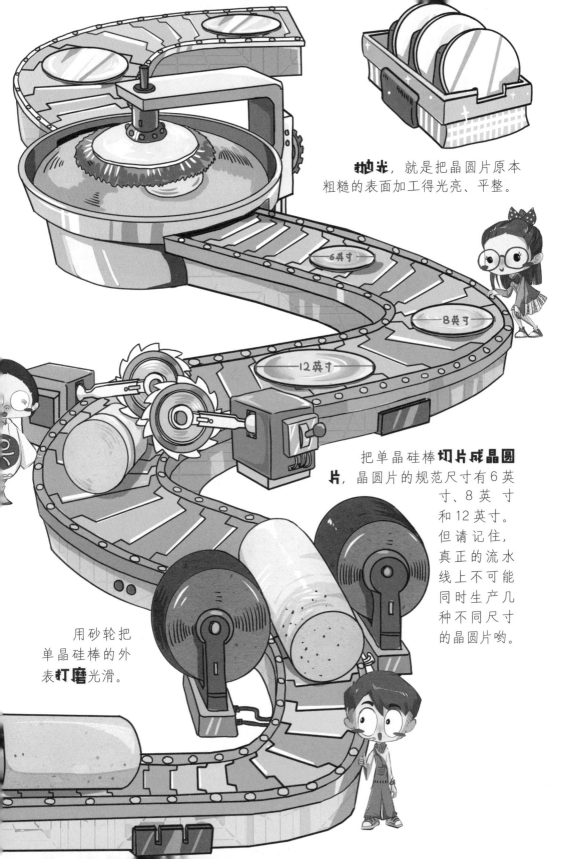

抛光，就是把晶圆片原本粗糙的表面加工得光亮、平整。

6英寸

8英寸

12英寸

把单晶硅棒**切片成晶圆片**，晶圆片的规范尺寸有6英寸、8英寸和12英寸。但请记住，真正的流水线上不可能同时生产几种不同尺寸的晶圆片哟。

用砂轮把单晶硅棒的外表**打磨**光滑。

　　小芯兴奋地说："晶圆片就是这样诞生的呀！对于晶圆片为什么是圆的而不做成方的，许多外行专家都心存疑问，认为方形比圆形能容纳更多芯片内核（芯片内核通常是方形的，一块晶圆片上要制作许多许多芯片内核。方形比圆形能更多容纳芯片内核，利用率高；圆形则在边缘会有许多地方用不上，成为边角'废料'）。告诉你们哟，这是因为单晶硅棒是圆柱体，切割出来的就是圆片片了，所以晶圆片的圆形是'天生'的！"

　　南柯说："这样看来，晶圆片的制造过程挺难的呀！不过感觉不用担心，因为沙子又多又不值钱……"

　　小芯摇摇头，说："虽然沙子在地球上有很多，但是制造芯片用的高纯度电子级硅晶圆片很难获得，主要难在提高单晶硅的纯度上。你们知道的新型冠状病毒的直径约100纳米，而现在芯片内部晶体管的特征尺寸是28纳米、14纳米、7纳米……并且越做越小。"

　　蛋蛋惊呼："哇，比病毒还小！"

　　小芯说："如果硅晶圆片的纯度不够或里面有杂质，就可能造成电路阻塞或短路，制作出的芯片就可能成为废品。"

　　平时就爱钻研的南柯接着问："我有个问题，听说太阳能电池板也叫光伏硅片，它们也是这么做出来的吗？"

　　小芯回答："是的，但是二者的纯度不一样，芯片更

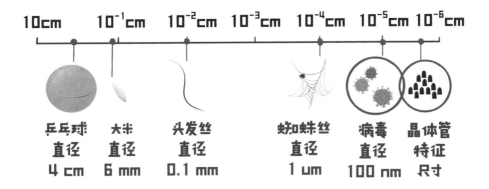

$$1 \text{ cm} = 10 \text{ mm} = 10000 \text{ um} = 10^7 \text{ nm}$$

为娇贵，对制造芯片的单晶硅的纯度要求更高，纯度要达到99.999999999%。"

"一个9、两个9、三个9……"阿呆掰着指头数道。

小芯说："不用数啦，是11个9！电子级硅片比光伏硅片的纯度高多了，小数点后要多三到五个9呢，这就意味着二者的杂质含量相差了1000到10万倍。有人举过一个经典的例子，光伏硅片里包含的杂质相当于一桶沙子撒在了一个足球场上，那么电子级硅片对杂质的要求则是在两个足球场里只能有一粒沙子。"

"哇，太难了！"三个小伙伴惊呼道。

小芯说："今天就到这里吧，时间不早了，该回家了！"

一阵天旋地转，等三个小伙伴睁开眼睛时，已回到公园中的"秘密基地"。天色渐黑，大家相互告别后就各自回家了。

第九章
工程师的聚会

芯片设计分为前端设计和后端设计，每个阶段都有专用设计软件。

上次南柯和阿呆去蛋蛋家找小芯玩耍的时候，蛋蛋爸许诺要带三个少年去参观芯片设计公司。终于，这个愿望就要实现了。

早晨，阿呆和南柯早早地来到蛋蛋家，这时离出发还有一段时间，三个少年和小芯聚在蛋蛋的房间里叽叽喳喳地讨论着今天的行程。

蛋蛋说："小芯，参观的时候我还把你装在口袋里，你可以跟我们一起看看芯片是怎样被设计出来的。"

小芯说："哦？难道我不知道自己是怎样被设计出来的？我倒是要考考你们，知道什么是计算机的硬件和软件吗？"

阿呆抢着说："硬件就是'硬'的东西，软件就是'软'的东西。"

南柯不紧不慢地说："硬件就是能拿在手里捣鼓的东西，软件就是只能在屏幕上捣鼓的东西。"

小芯摇摇头说："准确地说，计算机中硬件系统是看得见、摸得着的物理部件或设备，如主板、显示卡之类的，硬件中的核心就是芯片；软件系统多以程序和文档的形式存在，通过

在计算机上运行来体现它们的作用，比如操作系统和各种应用软件。

　　"计算机的硬件与软件是互相依存、互相支持的。就好比我们人类，身体是硬件，思想是软件。有了好身体，才能保持旺盛的学习精力，否则就心有余而力不足了；但如果只有健康的身体而没有思想，生活没有追求和目标，人生就没有意义了。我们家族不仅外壳'硬'，内'芯'也够强大，能支持各种各样的应用软件。

　　"然而，芯片虽然是硬件，却是用软件设计出来的！也就是说，硬件支持软件运行，而软件可以设计硬件。设计我们芯片的软件是一些很庞杂的专用软件，工程师称之为 EDA 软件。EDA 是电子设计自动化(Electronics Design Automation)的缩写。"

阿呆不解地问："电子设计自动化？都自动化了，还要人干什么？"

小芯说："电子设计自动化并不意味着把所有事情都交给电脑做，还需要工程师利用 EDA 软件把自己的想法和要求赋予电脑。"

南柯问："人工也无法完成设计那么多晶体管吧？"

小芯说："是的，现在的芯片越做越小、越做越复杂，只能依托电脑来设计了。当然，这样我的'出生'也就更快了。通常，人类把设计过程大致分为前端设计和后端设计，由前端工程师和后端工程师分别担负着各个阶段的设计工作。每个阶段都有专用设计软件。"

南柯顺着小芯的思路说："也就是说，设计一块芯片要用到前端设计软件和后端设计软件。"

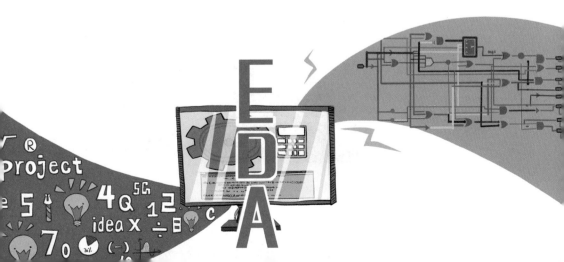

小芯接着说："是的，工程师将这些软件统称为软件工具，这些软件工具里面还细分了许多小工具。"

南柯又问："那么芯片是怎样设计出来的呢？"

小芯说："芯片是一层一层制造出来的，就像你们人类建房子。楼房是一层一层建起来的，每一层楼都有相对应的平面

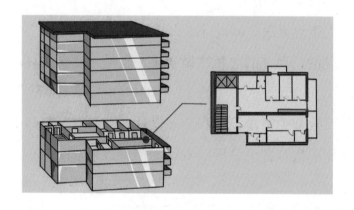

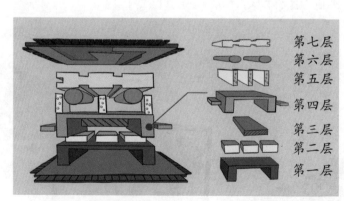

第七层
第六层
第五层
第四层
第三层
第二层
第一层

图。以建住宅为例，每层有几户人家、户型是怎样的、楼梯在哪里、电梯在哪里等，这些都要事先设计好。如果你想知道得更仔细，可以回家翻看下你们家的房产证，房产证上就有你们家的房屋图纸——哪里是卧室、哪里是客厅、哪里是厨房……建筑工程师就是按照房屋图纸来建房子。同样，芯片的每一层也有对应的图纸，叫作版图或者掩膜版图，芯片制造厂就是依照这些图纸一层一层地把芯片制造出来的。"

说着说着，就到了出发的时间。蛋蛋爸开着车，载着三个少年驶向公司。虽然蛋蛋爸的公司在闹市区，但这幢高大的建筑物与周围的环境格格不入，里面一个人都没看见，安静的氛围让它透着一股高深莫测的神秘感。

少年们在蛋蛋爸的带领下，兴致勃勃地走进大楼，入眼便是一幅巨大的标语——"科技赛跑，创新雄鹰"；走廊上的落地窗明亮通透，站在窗边可以俯瞰整个街区。

参观的第一站是前端设计部的办公区。这里的工作人员相对较多，隔断屏风把每张办公桌划分为一个个相对独立的小天地。在这些小天地里，工程师驰骋在芯片的世界里。

蛋蛋爸说："这里就是完成芯片的前端设计工作的地方。"

蛋蛋爸："第一步，工程师在设计芯片前，通常要与购买芯片的客户沟通芯片所具备的功能、用途和要符合的标准等。"

蛋蛋爸："第二步，根据客户需求，工程师会讨论芯片电路设计的总体方案与任务分工。"

蛋蛋爸："第三步，前端工程师用一种叫作HDL的硬件描述语言，描述一个逻辑行为，计算机自动生成这个逻辑行为的电路图，这就是逻辑设计。"

蛋蛋爸："第四步，EDA 工具会自动把描述的逻辑行为变成实际电路的模块组合，然后进行仿真验证。如果不满足要求，则要修改到满足为止。"

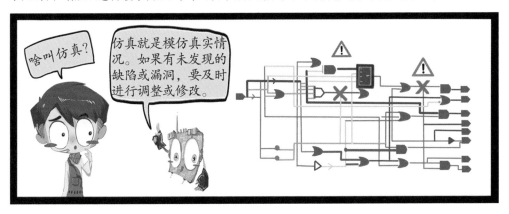

蛋蛋爸："第五步，一块芯片内部有许多逻辑电路，工程师用一种叫网表的东西来表示各电路之间的关系。这个过程被工程师称为逻辑综合。"

蛋蛋爸："网表就像人物关系表，如果没有它，计算机也会晕头转向的！网表做好以后，前端工程师的工作就基本结束了，下面就该后端工程师登场了！"

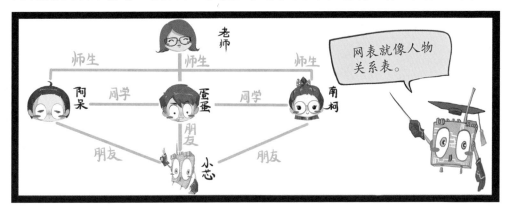

参观完了芯片的前端设计，蛋蛋爸带着小伙伴们一起来到负责后端设计的版图设计组。

蛋蛋爸告诉大家："在这个环节中，后端设计工程师要把网表转换为版图。版图是芯片内部每一层结构对应的图纸，版图有多少张，最终成型的芯片内部就有多少层。在版图设计过程中，后端工程师要用软件工具进行布局、布线和物理验证。"

"爸爸，什么是布局、布线和物理验证啊？"蛋蛋问。

"布局就是安排芯片内部的模块、寄存器、晶体管等元件的摆放位置；布线就是铺设串联各元件的线路；物理验证就是根据规则检查和验证电路的时序、漏电、功耗和串扰等情况。小小芯片的内部有那么多电路在工作，它们在运行时间上是不是协调有序（时序），有没有信号不安分乱串门儿（串扰），有没有哪条电路漏电，用电的功耗是否超标，等等。物理验证如果检查到这些问题的存在，后端工程师就得不断调整，使布局和布线符合验证要求和设计规范。"

阿呆似乎听懂了："就好像我们家里家具、物品的摆放要合理一样，比如电视要放在沙发前面，餐桌要离厨房近一点，鞋柜要放在门厅，这样方便生活和使用。"

南柯接着问道："叔叔，如果这些问题没有被检查出来会怎样呢？"

蛋蛋爸说："问得好！比如说功耗这个问题，电路在工作时会消耗电量。现在的电子产品，特别是便携式设备和可穿戴设备对芯片的耗电量尤为讲究，如果芯片的功耗超标，那就会非常费电，从而使整个设备很快就没电了。以手机为例，芯片功耗

超标的显著特点就是手机容易发烫。再比如说时序中延时这个问题，为了使芯片中不计其数的晶体管和连线能有序工作，芯片内部通常只有一个时钟源来指挥全局。这个时钟源传输的信号是不能有延迟的。这就像马路上的红绿灯，如果出差错，就会引起交通混乱。"

南柯思索了一下说："我明白了，那做完布局、布线和物理验证后还要干什么呢？"

"接下来就是芯片设计的最后一个环节啦——后端工程师把生成的版图交给芯片制造厂，制造厂把版图做成掩膜版就可以开始制作芯片了。"

"掩膜版是干什么的？"三个少年异口同声地问。

"掩膜版嘛，就是把版图'画'在玻璃或者石英基片上。当然不是用普通的画笔，而是用金属铬画出来的。在生产的时候，光刻机会把掩膜版上'画'的版图转印到晶圆片上。"

"好神奇，这些图片是怎么印到晶圆片上的呀？"南柯穷追不舍地问道。

"哎呀，你们这些小朋友，问的问题都不简单。嗯……你们见过印在墙上的油漆字吗？就和那个类似——工人首先在金属片或者硬纸板上写上粗体文字，把有文字的地方抠掉，也叫镂空，这样字模就做好了；然后把字模按在墙上，刷上油漆，拿开字模后，油漆字就印在墙上啦。在芯片制造行业，油漆字相当于版图上的图形，金属片或者硬纸板相当于掩膜版，墙相当于晶圆片。"

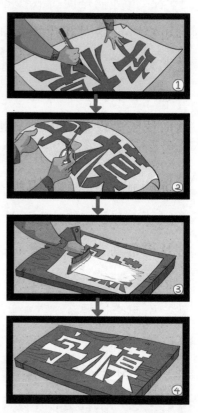

蛋蛋摸着后脑勺说："我听明白了。我感觉后端工程师干的活儿有点像剪窗花，窗花上的图案就像版图，剪出来贴在玻璃上的就成了掩膜版。"

蛋蛋爸笑着说道："有那么点意思！"

愉快的参观活动结束啦，"铁三角"收获颇丰。回家路上，南柯对蛋蛋爸说："谢谢叔叔带我们去您的公司参观，让我学到了很多知识。但是我还有一个问题不是很明白，您今天说芯片的设计要符合标准，这个标准是什么意思呀？"

蛋蛋爸说："标准就是大家都必须遵守的规定。在现代，比如 A 企业制定了某个行业的标准，那这个行业的其他企业都要遵守和执行这个标准并且购买 A 企业的专利，这对 A 企业的发展就非常有利；像我们国家的华为制定了部分 5G 通信标准，那国内外同行业的生产厂家都必须遵守。"

南柯说："难怪常听说，谁制定了标准，谁就抢占了制高点。如果有人就是不遵守华为的标准呢？"

蛋蛋爸说："那在 5G 时代，他生产出来的手机就不能与其他品牌的手机通话。"

阿呆问："那华为会把专利卖得贵一点，多赚一点钱吗？"

蛋蛋爸笑了笑说："不会，也不能那么做哟！漫天要价会违背市场规律，违背知识产权的共同准则。再好的产品，如果因为天价无人敢用，也就无法推广普及、无法打开市场。"

蛋蛋说："所以才要像华为5G那样自主创新，走在世界前列，才能够获得制定标准的优先权。"

蛋蛋爸肯定地点点头："正如华为的任正非所说，'芯片靠砸钱不行，得砸数学家、物理学家、化学家！'要实现技术领先，就必须有人才。"

"知道了，我们一定发奋学习，为祖国的科技创新事业做贡献！"三个少年望着夕阳西下，坚定的目光中透露出对未来的向往！

第十章
"超级大汉堡"出炉

经过设计、制造、测试和封装等过程，芯片终于诞生了。

以开拓中国青少年视野为己任的小芯，想趁着蛋蛋、南柯和阿呆跟着蛋蛋爸参观芯片设计公司的热情还没退去，带他们去了解一下芯片的制造过程。所以，在某个阳光明媚的周末，小芯通过蛋蛋把南柯和阿呆召集到"秘密基地"，故作神秘地问："你们谁知道芯片设计完成之后要干什么？"

南柯想了一会儿说："一般来说，设计完成之后就要实施生产了。"

"没错！上次蛋蛋爸带我们去参观的公司只负责设计芯片而不负责制造芯片，所以接下来我打算带你们去芯片制造公司看看。要不要去？"小芯问。

"真的吗？要去！要去！"三个少年齐声欢呼。

"闭上眼睛，我们要出发了。"

一阵天旋地转，等他们再次睁开眼睛时，一座工厂矗立在眼前。

"到了！"小芯说，"欢迎来到芯片制造公司，它也叫晶圆代工厂。这是我用超能力打造的虚拟空间，你们可以在里面随意参观。现实中可没有这么好的机会哟！快跟我一起去看看吧！"

"好哟……嗝！"兴奋的阿呆突然打了一个嗝，然后脸一下子就红了，"不好意思，昨晚吃的汉堡好像还没消化。"

小芯哈哈大笑："阿呆，你这个嗝打得真及时！你可知道

芯片的制造还跟汉堡有关？"

"啊？芯片这么厉害的东西还和汉堡有关？"蛋蛋疑惑地问。

"怎么样，想不到吧！"小芯骄傲地说，"那你们知道汉堡是怎么做的吗？"

"我知道，我知道！"阿呆抢答，"得先有一片面包做底，在面包上刷一层酱、放一些蔬菜，然后放上肉饼或者炸鸡排，再放蔬菜、刷酱……一层一层又一层，可以多到一口咬不下！"

南柯和蛋蛋听得垂涎欲滴！

"其实，芯片内部的构造就像一个多层汉堡。还记得之前你们跟我到芯片内部参观的景象吗？那里有密密麻麻的晶体管和金属导线，工程师是怎样把这么多东西有条不紊地放进指甲盖大小的壳子里，还能让它们正常工作？这时候，就可以参考多层汉堡的制作方法——把制造芯片的材料一层层叠加起来，有的芯片内部能有几十层！但每一层的构造和制作远比汉堡复杂得多。至于每一层是怎么做的……话不多说，赶快出发！"

小芯的话音刚落，大伙儿就迫不及待地推开了工厂的大门。

他们进入超净化车间。芯片的制造不仅需要极其
精密的设备，还需要超级干净的环境！

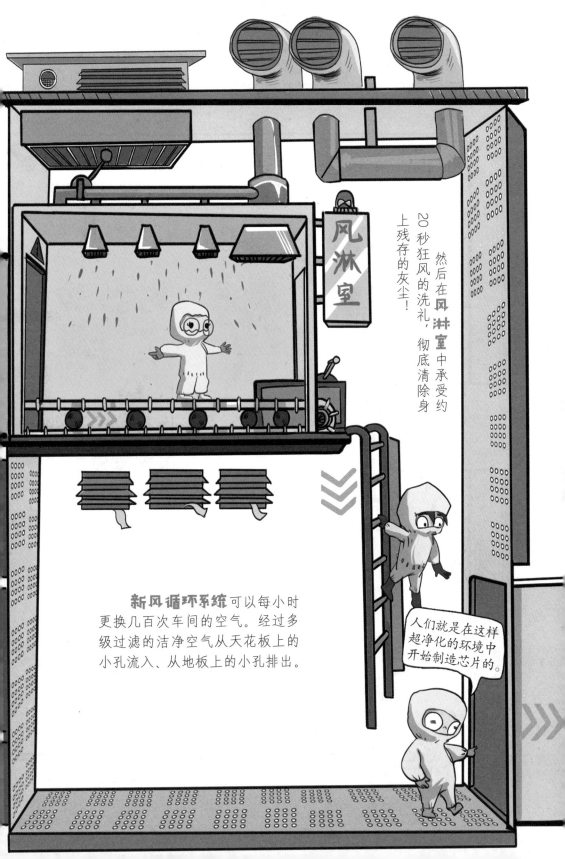

风淋室

然后在**风淋室**中承受约20秒狂风的洗礼，彻底清除身上残存的灰尘！

新风循环系统可以每小时更换几百次车间的空气。经过多级过滤的洁净空气从天花板上的小孔流入、从地板上的小孔排出。

人们就是在这样超净化的环境中开始制造芯片的。

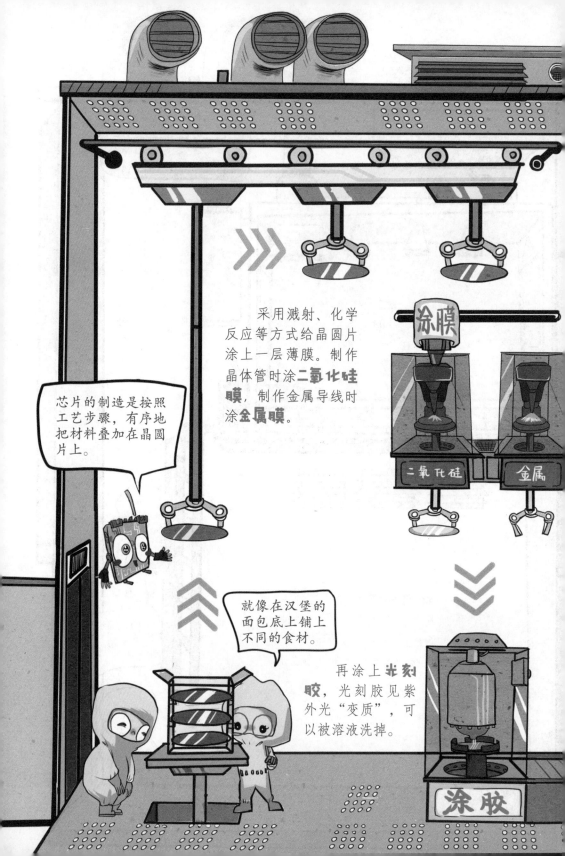

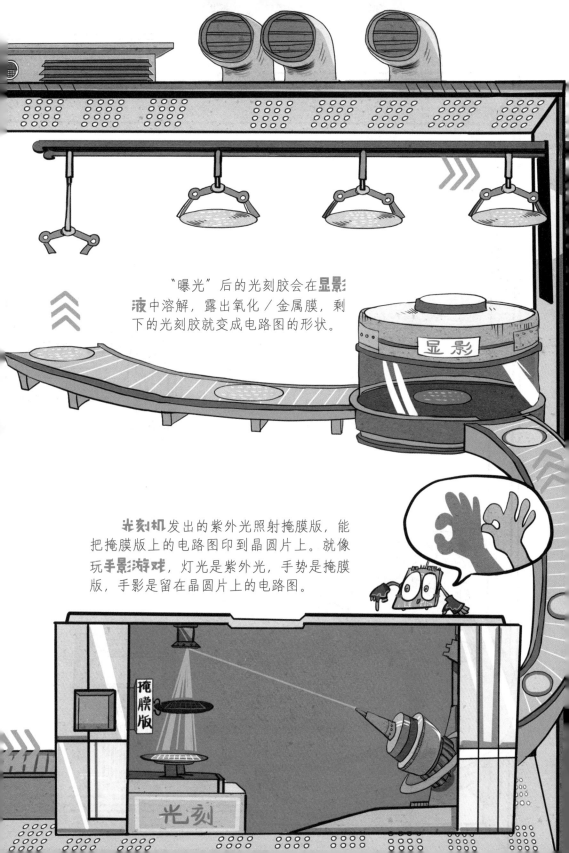

"曝光"后的光刻胶会在**显影液**中溶解，露出氧化／金属膜，剩下的光刻胶就变成电路图的形状。

显影

光刻机发出的紫外光照射掩膜版，能把掩膜版上的电路图印到晶圆片上。就像玩**手影游戏**，灯光是紫外光，手势是掩膜版，手影是留在晶圆片上的电路图。

掩膜版

光刻

芯片这个"超级大汉堡"里层数最多的是金属层，即在涂膜的时候涂上金属膜来制作金属导线，连接芯片内部的晶体管。虽然芯片表面看起来平整，但实际上能容纳几十层复杂的电路，状似多层立交桥。等按照设计图把每一层都制作好后，就进入接下来的环节——

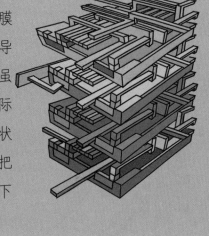

是的，芯片内部每一层的制造，都要把刚才的步骤经历一遍。

制造下一层时还要重复这些步骤吗？

用特殊的溶剂除去晶圆片上剩下的光刻胶，为下一层的制造做准备。

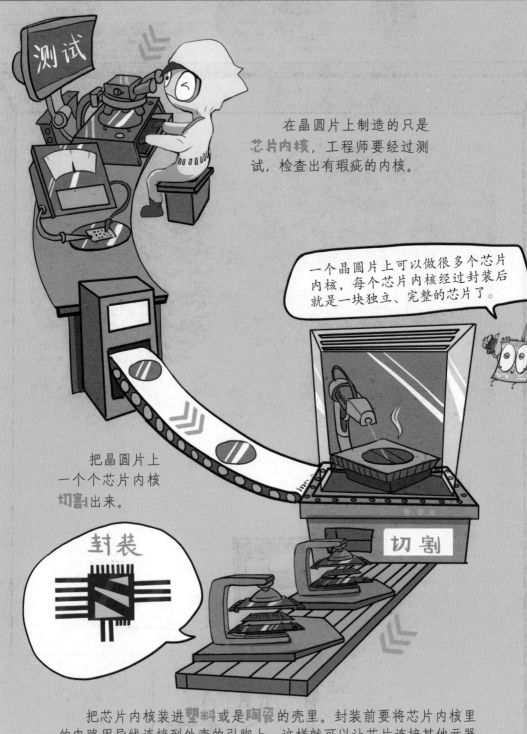

在晶圆片上制造的只是**芯片内核**，工程师要经过测试，检查出有瑕疵的内核。

一个晶圆片上可以做很多个芯片内核，每个芯片内核经过封装后就是一块独立、完整的芯片了。

把晶圆片上一个个芯片内核**切割**出来。

把芯片内核装进**塑料**或是**陶瓷**的壳里。封装前要将芯片内核里的电路用导线连接到外壳的引脚上，这样就可以让芯片连接其他元器件从而开始工作啦！

小芯说："至此，芯片才算真正问世！让我们总结一下这段神奇的经历吧！

"首先，沙子在晶圆片厂中经过熔化、提纯、打磨、切割等步骤变成了华丽的晶圆片，这也是制作芯片的基底。

"然后，芯片设计公司的前端工程师设计电路，也就是我身体里的'经络图'；后端工程师把'经络图'变成掩膜版图，也就是我身体里的结构图。

"接着，芯片制造厂根据掩膜版图一层一层制造出了我。

"最后，封测厂给我做出生体检，健康的我被装在壳子里，有瑕疵的我就面临报废处理。"

南柯深有感触地说："小芯，你的出生可真是不容易啊！"

小芯自豪地说："我们芯片的出生确实不易。"

蛋蛋却问道："为什么制造芯片这么困难？"

阿呆附和道："就是就是，我们国家的'玉兔'都登上了月球，航母都远航归来了，制造小小的芯片能难倒我们？"

小芯说："你们别看我们芯片身材小，但生产工艺异常复杂；还有就是对生产设备的精度、稳定度等有极高的要求，比如光刻机。光刻机在晶圆片上刻电路，犹如两架波音 747 客机在以每小时 1000 千米的速度同步翱翔时，还能同时在一粒小米上刻字！目前全世界仅有荷兰的阿斯麦（ASML）公司有能力制造高端极紫外光（EUV）光刻机，产量还不高，一年只生产几十台。

"另外,阿斯麦的光刻机有个绝活——双工作台。一般的光刻机只有一个工作台,需要先测量再曝光;而阿斯麦的光刻机有两个工作台,这也是他们的技术专利,能使测量与曝光同时进行,让生产效益翻倍。"

南柯叹息道:"哎,专利技术壁垒难突破。"

小芯接着说:"值得高兴的是,由清华大学机械工程系教授朱煜带队的'华卓精科'研制出了国内首台光刻机双工件台系统样机,有望打破阿斯麦的市场垄断。"

听到这里,三个少年瞬间热血沸腾:"我就知道,'中国人民一定能，中国一定行！’这句话不是说说而已！”

小芯继续说：“现在芯片的集成度越来越高，芯片上的晶体管越做越小，再这样发展下去，摩尔定律快要失效咯！”

蛋蛋疑惑地问：“摩尔定律？那是什么？”

“对芯片有所了解的人都知道摩尔定律。那是英特尔创始人之一的戈登·摩尔在 1965 年提出的，意思是当价格不变时，集成电路上可容纳的元器件的数目，每隔 18—24 个月便会增加一倍，性能也将提升一倍。”

南柯接着问：“那现实是按照这个定律发展的吗？”

“确实如此，半个多世纪以来，芯片的集成化以一种令人目眩的速度提高。最直观的表现就是，大概每两年，你们使用的电脑或手机就要面临淘汰，高性能的产品层出不穷。”

蛋蛋追问：“那你为什么说摩尔定律快要失效了呢？”

“我们前面说过，晶体管在芯片中起开关电流的作用，但是当越来越多的晶体管被装在芯片中，就会使晶体管的性能达到极限，失去作用，产生漏电流。”

阿呆来了一句：“就像水龙头关不住漏水了一样！”

“差不多。从技术角度看，漏电流这个问题很难解决，这也是摩尔定律有可能失效的主要原因；从经济角度看，研发先进工艺需要许多钱，也使得绝大部分芯片制造厂望而却步。”

蛋蛋又问：“除了用硅晶圆片制造芯片，难道就没有别的办法了吗？"

小芯继续回答："问得好！目前科学家在朝两个方面努力。一是继续沿用硅晶圆片做芯片，采用芯片堆叠技术，也就是把多个芯片一层一层地堆叠，然后封装在一起。"

南柯若有所思地说："芯片堆叠技术？就像人们过去大多住的是平房，现在人多地少、寸土寸金，人们大多住的是楼房，这样就可以在一块地上住好多户人家了？"

小芯接着说："很好，是这个意思！二是另辟蹊径，用像石墨烯、碳纳米管等新材料来制造芯片；还有光子芯片、量子芯片……但还都在尝试阶段。这也是中国在芯片领域实现'弯道超车'的绝好机会！所以，如果想在未来制造更高性能的芯片，维持摩尔定律的神话的话，你们一定要好好努力，我的未来是属于你们的！"

第十一章
熠熠生辉的名字

电子元器件发展史，其实就是一部浓缩的信息技术发展史。电子技术在 20 世纪发展迅猛、应用广泛，是近代科学技术发展的一个重要标志。

这一晚，蛋蛋做了一个梦。梦里，小芯带着他穿越了电子元器件发展的历史长河……

很久很久以前，有一个人沉溺于发明电灯泡。一次，他在真空灯泡内部的碳丝附近放了一截铜丝，希望能够阻止碳丝蒸发。尽管实验失败了，但他发现没有与电路连接的铜丝上居然有电流！这是为什么？

小芯在一旁解释："是碳丝发射的热电子！如果他把铜丝上的电流用导线引出来，就会有新的发现。"

尽管这人听不到小芯的声音，但他仍不失时机地将这一发现注册了专利，命名为"爱迪生效应"。是的，这个人就是发明达人爱迪生。"爱迪生效应"开启了今天的电子时代！

"爱迪生效应"引发英国人弗莱明强烈的兴趣，他用金属筒代替爱迪生所用的金属丝套在灯丝外面，由于金属筒接正电、灯丝接负电时才有电流通过，因此弗莱明将金属筒称为"阳极"，将灯丝称为"阴极"。这种新发明的器件的作用相当于一个只允许电流单向流动的阀门，弗莱明干脆把它叫作"阀"。后人把它称为真空二极管，也称电子管。世界上第一只电子管就这样诞生了，它首先被应用到无线电报的接收机上。1904 年，弗莱明因此获得了这项发明的专利权。

人类第一只电子管的诞生，标志着世界从此进入了电子时代。

弗莱明利用"爱迪生效应"发明的电子管

蛋蛋叫起来："叫弗莱明的人都这么牛吗？发现青霉素的人也叫弗莱明！"

"该德福雷斯特出场了。"小芯在一旁介绍。

果真，美国人德福雷斯特在前人研究的基础上发明了世界上第一只电子三极管，这对无线电技术的发展具有极其重要的推动作用。与二极管相比，三极管的放大功能非常突出，如果同时使用几个三极管，就能将所接收的弱电流放大到几万倍甚至几十万倍。三极管的发明,使电子学的发展出现了划时代的飞跃。从此以后,这种被封在"小玻璃瓶"中的电子元器件被广泛应用于各种电子产品领域。

接着,小芯带蛋蛋来到了美国西海岸加利福尼亚州的旧金山。旧

德福雷斯特

金山以南有一个狭长的山谷,就是如今闻名遐迩的硅谷。

成立于 20 世纪 30 年代的惠普公司无疑是硅谷历史发展的源头。但是真正点燃硅谷之火,使这块土地发出璀璨的电子之光的是一位叫威廉·肖克莱的人。

肖克莱和两位同事约翰·巴丁、沃尔特·布拉顿,用几条金箔片、一片半导体材料和一个弯纸架制成一个小模型,它可以传导、放大和开关电流,这就是后来引发一场电子革命的"晶体管"。这是一种可以代替电子管的电子信号放大器件。1956 年,因发明晶体管,肖克莱、巴丁、布拉顿三人同时荣获诺贝尔物理学奖。

晶体管的发明,终于使由玻璃封装的、易碎的电子管有了

点接触式晶体管（左）
肖克莱、巴丁、布拉顿（右）

替代物。同时，晶体管廉价、耐久、耗能小，几乎能够被制成无限小。

越过山丘河流，穿过人山人海，蛋蛋和小芯终于在美国得克萨斯州的达拉斯见到了杰克·基尔比。就是他，发明了世界上第一块集成电路！

而此时，作为得州仪器公司的新员工，基尔比正一个人在实验室专心地做实验。

基尔比把晶体管、电阻和电容等集成在微小的平板上，用热焊方式把元器件以极细的导线互连，在不超过 4 平方毫米的面积上，集成了约 20 个元器件……终于，在 1958 年，美国得州仪器公司向世界展示了第一块集成电路板，而它的发明者正是被后人誉为"芯片之父"的杰克·基尔比。基尔比向美国专利局申报专利，这种由半导体元件构成的微型固体组合件从此被命名为"集成电路"（IC）。

杰克·基尔比制作的第一块集成电路板

2000 年，也就是基尔比发明集成电路板后的第 42 年，77 岁的他获得了诺贝尔物理学奖。

走着走着，小芯带蛋蛋走上了中国芯片之路。

瞧，打北边来了一位大侠，打南边又来一位女侠。这两位超级物理学大侠分别是北京大学的黄昆和复旦大学的谢希德，他们一个是先留英再回国定居北京，一个是先赴美再回国定居上海。这两位闯荡世界的超级物理学大侠于 1956 年在北京大学创办了中国第一个半导体物理专业，与王守武、林兰英等科学家一起孕育出一个中国半导体世界，正式拉开了中国半导体事业的序幕。可以说，这是芯片家族在中国繁衍的起点。

黄昆（1919.9.2—2005.7.6），出生于北京，世界著名物理学家、中国固体物理学和半导体物理学奠基人之一。

他在北京大学物理学系任教，参与创建了中国第一个半导体物理专业。在他的主持下，我国半导体超晶格国家重点实验室建成，开辟了我国材料科学和固体物理学崭新的研究领域。

谢希德（1921.3.19—2000.3.4），出生于福建省泉州市，我国半导体事业的奠基人之一，被人们称为"中国半导体之母"。

她在复旦大学率先开设了固体物理学、量子力学等 6 门课程。她与黄昆合著的《半导体物理学》至今仍是中国半导体领域的经典教材。她以自己卓越的学术成就，填补了我国半导体教学的空白。

林兰英（1918.2.7—2003.3.4），出生于福建省莆田市，被誉为"中国半导体材料之母""中国太空材料之母"。

在她的带领下，我国第一台开门式硅单晶炉制造成功。她还主持拉制出了中国第一根无错位的硅单晶。

正是有了锗单晶，1958 年，中国拥有了半导体收音机；正是有了锗单晶，中国芯片制造的不朽历程才被开启！

1956 年，中国提出"向科学进军"的口号。周恩来总理在主持制定的《1956—1967 年科学技术发展远景规划》中，提出了国家四大紧急措施，其中之一是在我国立即开展先进的半导体科学技术的研究。这是一个过去在国内从未开设过的专业，也是一个从未研究过的课题，没有专业人才，没有实验设备仪器，没有参考技术资料，一切都得从零开始。

当时国家决定由 5 所大学——北京大学、复旦大学、东北人民大学、厦门大学和南京大学的老师联合在北京大学开办半导体物理专业，黄昆任教研组主任，谢希德任副主任。黄昆、谢希德、王守武、汤定元、洪朝生、高鼎三、林兰英、黄敞执教北大，被称为"八大海归拓荒人"。

在他们精心的培养下，北大物理系陆续走出了一批批优秀的半导体人才，其中一些学子也成为中国芯片事业的顶梁柱，如中国科学院院士王阳元、中国工程院院士许居衍等。

　　"还不赶紧起床？再睡就要迟到了！"蛋蛋妈的一声咆哮把蛋蛋从美梦中惊醒。这真是一场好长的梦啊！梦境的最后，他好像听到小芯在耳边低语："好好学习，未来是属于你们的！"

第十二章
"中国芯"的崛起

身处信息时代，"得芯片者得天下"。芯片设计与制造技术，是全球高科技必争的战略制高点。如今，"中国芯"正在崛起，百舸争流，千帆竞发，追梦路上，必定"芯"想事成！

　　这天，放学回来的蛋蛋兴奋地对爸爸说："爸爸，我在放学路上看到一块好大的广告牌，说我们这个城市要建设'硅谷'了。硅谷是不是生产芯片的地方呀？它为什么叫硅谷啊？"

　　"好啊，蛋蛋关心国家大事了！"蛋蛋爸称赞道，"硅谷是美国加利福尼亚州北部的圣塔克拉拉谷的别称。那里最早是研究和生产以硅为基础的半导体芯片的地方，因此得名硅谷。

硅谷是当今电子工业和计算机业的王国，以具有雄厚科研力量的顶尖大学作为依托，如斯坦福大学和加州大学伯克利分校等，还有许多高科技公司，如谷歌、脸书（Facebook）、惠普、

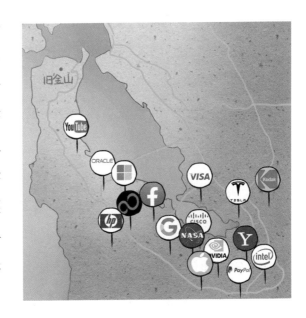

英特尔、苹果公司、思科、英伟达、甲骨文、特斯拉、雅虎等。硅谷的主要特点是融科学、技术、生产为一体。"

蛋蛋若有所思地说："硅谷里有这么多东西呀，我还以为硅谷就只是生产芯片的地方呢！"

蛋蛋爸说："就像是盖高楼必须有坚实的地基，芯片是这些高科技的'地基'。如果没有芯片，一切都是空中楼阁。我们国家十分重视芯片产业。2014 年，国务院印发了《国家集成电路产业发展推进纲要》，将集成电路产业发展上升到国家战略高度，规划到 2020 年与国际先进水平的差距逐步缩小；到 2030 年，产业链主要环节达到国际先进水平，实现跨越发展……"

等蛋蛋回到房间时，躲在蛋蛋口袋中的小芯立刻跳了出来："你和你爸爸说的话我都听到了，百闻不如一见！你要不要跟我去瞧瞧中国芯片产业的千帆竞发？"

"太好了！"蛋蛋开心地说，一转念又问道，"能不能把阿呆和南柯也带上？"

小芯说："没问题！"

第二天正好是周末，蛋蛋约了阿呆和南柯来到"秘密基地"，告诉他们小芯要用超能力带他们去参观那些培育中国芯片的地方，阿呆和南柯高兴极了。

一阵天旋地转后，他们已经来到了北京的上空——看，是龙芯中科技术股份有限公司!

　　"中国人是龙的传人,那'龙芯'一定是我们自己的芯片!"蛋蛋喊道。

　　小芯说:"是的,'龙芯'是我国最早自主研制的高性能通用处理器系列芯片的企业。通用处理器是信息产业的基础部件,是电子设备的核心器件,它的产业发展直接关系到一个国家的技术创新。龙芯CPU现在广泛应用于各行各业。还有,我国的北斗导航卫星上用的就是龙芯CPU,那可是宇航级的芯片啊!"

南柯不解地问："宇航级？芯片还分级吗？"

小芯说："我们家族庞大，在很多地方都有我们兄弟姐妹的身影。人类按照应用环境的温度，把我们分成了四类。"

级别	应用环境	应用特点和对象
商业级	0℃—70℃	普通商用电子产品，如手机、电脑
工业级	−40℃—85℃	精密度要求更高，应用在电力电网、轨道交通、能源化工、市政等领域
军品级	−55℃—125℃（或150℃）	高强度、抗冲击、抗跌落、抗烟雾、气密性要求高，应用在导弹、坦克、航母等领域
宇航级	−55℃—150℃	在工作温度上不亚于军品级的水准，还能够抵抗辐射环境中的高能粒子（质子、中子、α 粒子和其他重离子）的轰击，应用在航天领域

阿呆问："那宇航级芯片一定很贵很值钱咯？"

小芯点点头说："这是肯定的！最关键的是，龙芯是我们国家自主研发的！龙芯芯片系列产品中有龙芯1号小CPU、龙芯2号中CPU和龙芯3号大CPU；当然啦，'大哥''二哥'和'小弟'面对的使用对象不同。'为人民做龙芯'是'龙芯'的核心理念。"

龙芯的董事长胡伟武说过："没有什么比为人民做龙芯、为国家和民族建设自主创新的信息产业体系更艰苦和更有意义的事业了。"

阿呆挠挠后脑勺说："听着有点深奥！"

受小芯潜移默化影响的蛋蛋解释道："小芯想对我们说，我们现在只有踏实学习，将来才能为人民服务。"

南柯说："就是老师常说的，学知识要先学会做人，是这个意思吧？"

小芯微笑着点头，说："请大家闭上眼睛，我们出发去往下一个目的地。"

当"铁三角"睁开眼睛时，大家来到了湖南省长沙市，国内唯一一家自主可控的 GPU 生产商——长沙景嘉微电子股份有限公司就在这里。

"什么是 GPU？"大伙儿异口同声地问。

"GPU 是电脑或手机上做图像和图形相关运算工作的专用微处理器，也叫图形处理器、视觉处理器或显示芯片。"

"CPU 不能处理图像和图形吗？" 蛋蛋问。

"处理图像和图形的工作量十分庞大。我们都知道 CPU 是电脑或手机的核心，要处理很多事情，如果图像和图形也要 CPU 来处理，CPU 就会忙不过来。CPU 忙不过来会出现什么现象呢？"

蛋蛋抢着说道："电脑、手机的运行速度会变慢！"

"哈哈哈，没错！" 小

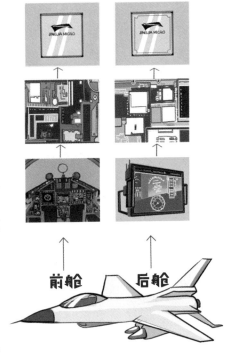

前舱　　后舱

芯说，"GPU 大大减轻了 CPU 的负担，让 CPU 可以去做其他工作。但 GPU 的核心技术长期被国外企业垄断。之前，我们国家军用领域大都采购国外进口的通用 GPU 芯片，但是西方国家对中国军事用途的高端芯片限制极为严格，市场采购相当困难。景嘉微的 GPU 打破了国外芯片在我国军用领域的垄断，实现了国产化替代。现在，国内新型军用飞机、国产坦克、装甲车安装的主动防护雷达等都广泛采用了景嘉微的 GPU 芯片。"

"什么是主动防护？" 南柯问。

"就是在敌方反装甲武器来袭时，主动防护雷达系统对飞行目标进行实时探测和识别、快速定位，提前发射弹药引爆飞来的不速之客，从而大幅降低其杀伤力，这是目前坦克装甲车非常有效的防御装备之一。"

蛋蛋又问："是不是像导弹防御系统拦截飞来导弹那样，发射导弹击毁飞来的敌方导弹？"

小芯说："差不多是这个意思吧。"

"太厉害了！"阿呆说道。

南柯感叹道："这可是高端芯片呀！如果平时我们也能用上就好了。"

小芯说："现在景嘉微的 GPU 芯片已经在开拓民用市场了，GPU 芯片将在人工智能、自动驾驶甚至区块链方面都有重要的应用。我们再去上海看看寒武纪的产品发布会吧。"

南柯惊讶地说："不会吧？！寒武纪是古生代的第一纪，距今 5.45 亿年—4.95 亿年，我们是要穿越时空了吗？"

小芯笑着说："不是的，是一家叫寒武纪的公司。这是一家有中国科学院背景的公司，他们推出了全球首块深度学习处理器芯片。深度学习是指计算机通过深度神经网络，模拟人的大脑机制来学习、判断、决策。深度学习处理器芯片，通常指的是人工神经网络的芯片。寒武纪推出的 AI 处理器，可用于智能手机、安防监控、可穿戴设备、无人机和智能驾驶等各类终端设备。"

"等等，太多新词汇了，什么是 AI？"蛋蛋急着叫道。

小芯解释说："AI 是人工智能（Artificial Intelligence）的英文缩写，简单地说，人工智能就是让机器实现原本只有人类才能完成的任务。"

阿呆兴奋地说："现在，银行、图书馆里就有许多人工智能机器人。"

"在 AI 芯片领域，阿里巴巴、百度、腾讯等互联网巨头均大举进军。阿里巴巴不仅自主研发 AI 芯片，还投资寒武纪、收购国产 CPU 公司中天微、成立平头哥半导体有限公司；而百度自主研发了中国第一款云端全功能 AI 芯片'昆仑'；腾讯也投资燧原科技，针对云端数据中心研发了 AI 芯片。目前，中国 AI 芯片领域被认为与其他国家站在同一条起跑线上，无论如何，我们都应该抓住这个人工智能芯片发展初期带来的历史性机遇,实现弯道超车!"小芯告诉大家。

　　看完了"寒武纪",小芯又带大家去了中芯国际,并向大家介绍:"中芯国际集成电路制造有限公司是世界领先的集成电路芯片代工企业之一,也是国内规模最大、最先进的半导体芯片制造企业。你们猜猜看,这家公司与我们前面看过的公司有什么不同?"

　　大伙儿你看看我,我瞧瞧你,都想不出它们之间的差别。

　　小芯说:"前面我们看的是芯片设计公司,而中芯国际是芯片制造公司。芯片设计公司一般只设计不制造,设计完了之后要交给芯片制造公司来生产芯片,因此芯片制造公司也称为晶圆代工厂。"

　　"原来如此!"大伙儿异口同声地说。

"目前，中芯国际向全球客户提供 0.35 微米到 14 纳米制程工艺设计和制造服务。我们继续赶路吧！"小芯说道。

"快看哪，那是华为公司！"眼尖的南柯叫道。

"我知道我知道，华为是生产手机的公司，我们家人用的都是华为手机！"阿呆说道。

小芯告诉大家："华为不仅生产手机，它还始终专注于信息与通信技术（ICT）领域，也在这个领域是全球领先的供应商。华为主要终端产品分为三大系列：软件产品、网络连接产品（如5G）和终端产品（如手机、电脑）。"

蛋蛋说："我爸爸说华为公司的掌门人任正非是一位极具

忧患意识的企业家。面对复杂的国际形势，任正非早在十多年前就考虑到外国人可能会不给我们提供芯片。"

"是的，从那时候起，华为就成立了子公司——海思半导体有限公司，悄悄地研发芯片。要知道芯片研发投入高、风险大，而且那时候买芯片比较容易，研发出来的芯片有没有机会用得上还是个未知数。海思半导体有限公司就这么默默地坚持了十多年。华为的自立自强，告诉了我们核心技术必须掌握在自己手中的道理。时间不早了，该回家了。"小芯说道。

返程途中，三个少年依旧议论纷纷，兴奋不已。自主造"芯"，百舸争流，让人们看见了"中国芯"崛起的曙光。

追梦路上，"中国芯"助力中国梦！